从三十项发明
阅读世界史

30 の発明からよむ世界史

（日）池内了 主编　造事务所 编著

张彤　张贵彬 译

U0193976

上海文艺出版社

间的产物。

回看身边物品的发展历史，不但可以让我们再次判明人类的想象力和意志力，还可以让我们构想下一个应将到来的文明，这岂不很有趣?

从公元前 6 千年出现的酒算起，人类已发明了不计其数的新生事物。本书选择了在这段历史长河中具有时代影响力的 30 项发明，并介绍了它们发展变迁传至现代的历程。通过解读这些不同时代背景下特定产物的演变，也能反映出人类活动的历史。

科学技术不能脱离人类社会而存在，而人类没有科学技术的支持，生活也会变得很困难。如果读懂了这些发明的历史，大家就能切实感受到我们人类是多么了不起的生物。

池内了
2015 年

目录

酒

人类文明出现之前就存在的酒精。也用作药和水的替代品。

　　人类有史以前饮用的酒就存在于世了。酒不是发明，这里介绍的是人类利用酒精的发展史。最初饮酒的目的是摄取营养，不知从何时起喝酒变成了享受醉意的嗜好，此外酒精还具有杀菌消毒的作用。后来人们又喝起了红酒和啤酒，这与个人行为以及世界形势的发展有很大的关系。

　　酒有时为文明的发展做出贡献，有时还能提升国家的影响力。下面从酒这个角度来一窥人类历史的一部分吧。

可以饮用的只有乙醇

　　一说起酒，就知道指的是含有酒精的饮料。从广义上说确实如此。若用科学准确的表述，这里的酒精指的是乙醇（带乙基的醇类）。

所谓醇类是指**碳氢结合形成的烃分子，其侧链中的氢原子被羟基（—OH）所取代后生成的化合物**。

乙醇用化学式来写的话是 C_2H_6O，是由 2 个碳原子、6 个氢原子再加上 1 个氧原子结合而成的分子。虽然原子的结合方式和排列方法有其独立的特点，但因乙醇是由碳、氢、氧三种元素形成的物质，故与碳水化合物及糖类没有太大区别。也就是说，酒精被人体吸收后会成为营养，而过量摄取则会发胖。

对以人类为代表的动物而言，在醇类中能作为营养物质而被饮用摄取的只有乙醇。其他醇类，如甲醇和乙二醇等，即使少量饮用也会对人体造成很强的毒害。

另外，乙醇也并非无害。一次性大量摄入乙醇，会引发急性酒精中毒，严重的话会留下后遗症，甚至导致死亡。

酒精原本对动物来说是一种营养品，其作为饮料广受喜爱的起源十分古老。目前认为人类（能人）起源于现在的非洲，时间是在大约 230 万年前，然而酒的诞生大概比这还要早。

"千杯不醉"的动物——笔尾树鼩

富含糖分的水果等食物通过自然界中的细菌发酵可以生成乙醇。借助酒精的强挥发性将香味传到远方，告知动物们果实已经成熟的信息。这就是植物通过香气吸引动物食其果实再将种子带到远方去繁殖的生存策略。

现在有些野生动物依然**喜食已经酒精发酵的果实**。很多动物过量摄入含有酒精的食物后，就会像人醉酒时那样摇摇晃晃地走路，做出与平时不同的奇怪举动。但是，其中也有耐酒精、不会醉的动物。

有一种叫做树鼩的原始哺乳类动物。它与包含灵长类动物的灵长目拥有共同的祖先。其外形有点像老鼠，又有点像松鼠，通常以昆虫和树木的果实为食。树鼩中的笔尾树鼩（尾巴长得像翅膀的树鼩）以一种叫做马来凸果榈的棕榈科植物的花朵为主要食物。这种马来凸果榈的花蜜在自然状态下就会酒精发酵，其乙醇含量最高可达 3.8%。

说起 3.8% 这个数值，正好与啤酒的酒精浓度相同。如果将笔尾树鼩视作人类，那么相当于每晚要喝 7—8 大瓶啤酒，然而它却不会醉。这是因为**它具有短时间内分解酒精、并将其作为营养物质吸收的超强能力**。

即使不会醉的动物也知道要摄取有营养的酒精。而人类为了享受"醉意"，从很久以前就开始饮酒。

我认为即便缺乏科学知识，但凭借生活的智慧，人类在文明繁荣以前就已知晓酒精发酵。刚刚腐烂的甘甜水果中含有酒精，古人应该很早就知道将其食用后，心情会变得舒畅，人也会兴奋起来。

啤酒的历史长达 7000 多年

关于酒的制造方法，一般认为最古老的应该是果酒制造。那种果酒就是今天所说的葡萄酒。另外，据说在公元前 6000 年左右，人们已经**把谷物自然发酵形成的产物作为酒精饮料来饮用了。**而在公元前 5000 年前后的美索不达米亚文明之下，已经有人像现在一样，利用发了芽的大麦或小麦（麦芽）来制造啤酒。

随着时代的发展，到了公元前 3000 年左右，啤酒和葡萄酒开始被区分饮用。啤酒成为日常饮酒，而葡萄酒逐渐成了高级用酒。不过，当时的葡萄酒与其说是酒，倒不如说是具有滋养强壮功效的保健饮料。葡萄酒由于控制了酒精发酵度，因此保留了大量的糖分，其甜度甚至使人喜欢兑水后再饮用。

◎现在主要酒类的酒精浓度（度数）及造酒方法

酒类	酒精浓度	造酒方法
啤酒	5%（5度）左右	酿造
日本酒	15%（15度）左右	酿造
烧酒	25%（25度）左右	蒸馏
威士忌	43%（43度）左右	蒸馏
葡萄酒	14%（14度）左右	酿造
日本高球酒	5%（5度）左右	烧酒加苏打水稀释后的产物

与众不同的日本酒

公元 1 世纪左右，在中国古代编著的名为《论衡》的思想著作中，记载了公元前 1000 年左右的周王朝时期，倭国（指当时的日本）进献草药酒一事。当时的日本人已经可以制作出类似果实发酵酒一样的饮品。

不过当时的酒与现在的日本酒在原料及做法方面大相径庭。

像现在这样，用曲子（曲霉菌）和酵母菌将米进行两个阶段的发酵后制成日本酒的方法是在公元 700 年左右形成的。

与众不同的是，据说日本酒是全世界的古代酒中酒精度数最高的。

在利用酵母菌将果实或谷物中的糖分变成酒精的发酵方法中，发酵液中的酒精浓度一旦超过 20%，酵母菌就会死亡，所以不会出现比这更高的酒精浓度（度数）。因此，葡萄酒的酒精浓度最高是 16%—18%，啤酒最高是 4%—5%（用特殊方法制造的啤酒会达到 8%—12%）。

但是，在日本酒的制造过程中，由于曲霉菌糖化与酵母菌发酵同时进行，因此过滤掉发酵液（醪糟）的原酒，其酒精度数可以达到 20%—22%。在通过发酵生成酒精的酿造酒中，日本酒的酒精度数已达到上限。

从炼金术中诞生的蒸馏酒

人类从很久以前就抱有这样的疑问："引起醉意的到底是酒中的哪种物质呢？"因为后来有人发现经火煮沸过的酒即使喝了也不容易醉，所以知道了导致醉酒的物质经过高温加热会跑到空气中去。用不使其沸腾的最大火力来提取致醉物质的方法从公元前 3000 年左右开始出现。

乙醇的沸点约为 78℃，而水是 100℃。把酒加热到 80℃左右，大部分乙醇就会蒸发。这时若将蒸发的气体（乙醇蒸气）收集冷却，就能得到液态的乙醇。这就是蒸馏过程，而**通过蒸馏得到的酒精浓度（度数）变高的酒就是蒸馏酒**。有记载显示，在公元前 1300 年左右的埃及，海枣蒸馏酒曾一度畅销。

蒸馏法得到普及是在中世纪欧洲的炼金术发展起来以后。这项技术不断流传，据说夏朗德蒸馏器公元 9 世纪左右诞生在西亚。这个机器成了很多蒸馏酒的"发源器"。

蒸馏酒的特点是去除了葡萄酒和日本酒中被称为酒淀的固体物质（没有分解的果实、谷物的碎片、酵母菌的残骸等），只留下颜色和香味。另外，在酒精浓度较高的蒸馏酒中，波兰产的伏特加（烈酒）约为 96%、保加利亚产的苦艾酒约为 85%、意大利产的朗姆酒约为

77%，等等。日本冲绳产的泡盛[①]中的"花酒（日语为：
どなん）"，其酒精浓度约为60%。

支撑起大航海时代的桶装葡萄酒

含有较高营养成分的酒不会腐败并且能够长期保存。
这是因为乙醇达到一定浓度，酵母菌自不必说，连其他
的腐败菌也无法生存。

**触发大航海时代的一个动因就是能够长期保存的桶
装葡萄酒成了饮料。**

再者，就像现在依然被用作简易杀菌液一样，乙醇
具有良好的杀菌和消毒功效。尤其是酒精浓度较高的伏
特加和白兰地，曾在中世纪的欧洲被当作防止鼠疫（细
菌感染导致的疾病）蔓延的消毒药以及战场上伤兵的治
疗药。

另一方面，在近代，与酒密切相关的历史事件就是
美国颁布了禁酒法案。从17世纪中叶开始，宗教教义认
为过量饮酒是一种罪恶，而到了19世纪，这种解释扩大
成为饮酒本身即为罪恶，禁酒逐渐成为一种政治运动。

1920年，美国实施了伏尔斯泰得法案（即所谓的禁
酒法案）。结果是，一方面因为取消酒税，美国的造酒
产业遭到破坏；另一方面黑手党等黑帮组织在暗中活动

---

① 译注：一种蒸馏酒。

◎酒鬼的发展

图为美国石版画家纳撒尼尔·柯里尔于 1864 年描绘的反映禁酒运动的石版画。画面描绘了一旦踏上这座名为"饮酒"的桥，就会向着暴力、犯罪与自杀的情况发展。

猖獗，酒的私造和走私仍然存在。

　　禁酒法案于 1933 年废除。至今美国在葡萄酒和啤酒的制造方面依然实力不强。施行了 13 年的禁酒法案，从一个世纪后的今天来看，仍是美国历史上最失败的法案。

　　虽说"酒令智昏"，但是醉酒状态下人的思维活跃，往往会带来新的发现，有时甚至还会为文明的发展做出贡献。对于人类的发展而言，酒可以说是不可或缺的存在。

公元前 5500 年

船舶

为探索未知的世界而生，至今仍在不断发展。

海的对面有什么？——人类试图弄清这一问题的好奇心促使其创造出在水上通行的方法。最开始出现的是用木头捆成的木筏，而绳文时期的日本人通过加工粗壮的圆木造出了圆木舟。

但是，随着相隔遥远的各个国家之间的交往不断增多，矛盾也由此产生。与战争规模同步发展的是越来越大型化的船体，人类逐渐能够航向更遥远的海洋。并且，从 15 世纪的大航海时代以来，船舶为了满足行驶速度、战斗能力、运输能力以及宜居程度等需求，一直不断发展。

削木而造的原始船只

随着挖掘技术以及年代测定精度能力的提高，世界各地不断发现的很多遗物足以颠覆迄今为止公认的人类史。原始的圆木舟也是其中之一。但事实上，关于圆木舟诞生的场所、时期以及起源尚不明确。

旧石器时代出现了利用石斧和火打通圆木的技术。能够浮在水上的圆木并不是自然长成合适尺寸的倒树，而是人们结合用途，将原本长在山上的大树砍伐加工而成。这样造出的"圆木舟"中也有长度超过10米的大木舟。

在日本，从绳文时期的遗迹中发现了很多大型的圆木舟。2013年，在千叶县市川市发现的**日本最古老的圆木舟由朴木制成，长约7.2米，宽约50厘米。经推断这是在大约7500年前（公元前5500年）的绳文初期制造出来的**。

1982年，日本的民间团队使用圆木舟进行了一次十分有趣的试验：通过实际航行再现圆木舟具备何种性能以及能够到达多远的外海。

黑曜石器具是绳文时期使用的主要石器。人们在岛根县的隐岐群岛发现了采集黑曜石的痕迹，而隐岐的黑曜石在隔海50公里的岛根县和鸟取县的遗迹中也被大量发现。这表明从隐岐到山阴曾出现过航海事迹，并且进行了黑曜石的运输。

为了确认黑曜石运输这个事实，人们以当时在千叶县发现的圆木舟为样本，建造了全长约为8.2米、最大宽度为64厘米的"苎麻二世"圆木舟。舟上装载了15公斤黑曜石，还搭载了5名乘客，从隐岐的知夫里岛的郡港出发航向岛根县松江的七类港。最终用了将近13个小时成功行驶了 56 公里。

不过，驾驶圆木舟在波涛汹涌的远洋中航行应该没这么容易。实际上，曾经用"苎麻二世"进行实验的团队，在 2014 年用另一艘圆木舟挑战了从韩国到对马之间的实验航行，但是中途船只倾覆了。若是在平稳的海上或者沿着陆地，圆木舟则能航行相当长的距离。

有一种船名为"诸手船"，以圆木舟为基础，装有兼具隔浪板和船桨台功能的船帮。在日本，诸手船出现于绳文末期至弥生时期。为达到防水和防腐的目的，船体被涂上漆料，后来又开始增添装饰。诸手船不仅用于运输，还逐渐被用于祭神仪式等。

如今，在冲绳受人喜爱的**"爬龙船（又称龙舟）"**就沿袭了这种诸手船的形状。此外，一部分海上民族至今依旧自行打造圆木舟，在近海的往来通行和打渔活动中使用。

公元前 500 年就已绕行非洲大陆一圈？

公元前 15 世纪左右，在波平浪静的地中海沿岸，一个被称为"腓尼基"的海上商业民族构建了大规模的文明社会。随着海上贸易发展兴盛，他们的船只也日趋大型化。**公元前 1000 年左右，出现了由很多木材组装而成的复合船。**

这种复合船用龙骨（船的主要构件）将船首与船尾

相连，再将肋骨（构成船底等骨架的材料）并排，然后贴上木板，与现在的船舶外形相近。

大型的复合船全长可达 30 米，大约能够航行 4000 公里，即从现在的西班牙到叙利亚和黎巴嫩。地中海地区的贸易得到发展、周边各地产生了城邦国家，这都可以归功于腓尼基人的船只。

这一时期，船的动力也发生了变化，**从人力逐渐变为巧用风力**（但在港口附近或遇到逆风等情况时，仍旧利用人力助推的方法）。

令人惊叹的是，有航海记录显示，公元前 500 年左右，腓尼基人的船只从红海南下，按顺时针方向沿非洲大陆航行，历时 3 年最终到达可谓地中海入口的直布罗陀海峡。这说明比瓦斯科·达·伽马绕过好望角达到印度洋早大约二千年，人类就曾绕行非洲大陆一圈了。

另一方面，在古罗马为背景的电影中常出现的桨帆船是一种靠多人划桨行进的军舰。要提升速度就需要增加划船的人数，因而船只不断大型化。但是，由于中世纪末期缺乏令人满意的武器（远程武器），导致以坚固的船首冲击敌方船只的作战方法成为主流，为此人们逐渐制造出更加坚固的船舶。坚固的船只能够在波涛汹涌的海上航行，进而迎来了大航海时代。

船舶史即战争史

不论是圆木舟还是由木材复合组装而成的大型船，基本都是木制品。尽管坚硬的木材可以使船只变得十分坚固，但是却有怕火的缺点。

据记载，为了弥补这一缺陷，1580 年前后，织田信长制造出整个船体贴有 3 毫米厚铁板的铁甲船。

另外，德川家光于 1635 年建造的"安宅丸号"上贴有铜板。这些都是为了防范火箭来袭引起火势蔓延。但是船体依旧是木质。

西方的船只也是如此。尽管经历了大航海时代，船只依旧用木材建造。到了 17 世纪，随着炼铁成本的逐渐降低，人们开始用铁来打造船只的骨架，造出了木铁复合船。这种船尽管已大有改进但仍不耐火。1843 年下水的英国商船——"大不列颠号"大大改变了船舶发展的历史轨迹。

"大不列颠号"整体用铁建造，是世界上第一艘以蒸汽机为动力的大型船只。它也是世界上最先搭载旋转式推进器——螺旋桨的船只，同时配备了现代船舶所具有的一切基本部件。

1904 年日俄战争爆发前，地球上已近百年没有发生过大规模的海战。但在这期间，世界船舶领域却发生了

◎英国的蒸汽船——大不列颠号

1843年下水，最早的钢铁船。进行过32次世界环游航行，现今存放在其建造场所——布里斯托尔的干船坞。

翻天覆地的变化。各国纷纷制造出搭载有蒸汽机的钢铁驱逐舰和战舰，而作为军事力量存在的潜水艇和航空母舰也逐渐发展起来。

大型船舶早期的动力采用陆上铁路常用的活塞式蒸汽机，不久变成利用锅炉产生的高压蒸气推动回旋翼的汽轮机。这样一来，机器更加轻巧，螺旋桨的转动次数也容易改变，从而可以调整速度。

混合动力成为主流

利用高温高压的蒸气来驱动涡轮的构造原理与现在的地热发电、火力发电以及原子能发电没有任何区别。

原子炉很适合作为船舶动力的热源。原子炉能够减少燃料补充(停泊)的次数,驱动时也不需要氧气(空气)。尤其适合在海中秘密进行长时间航行的潜水艇。

因此,**原子炉也被搭载于大型战舰和航空母舰上,但其能源效率方面却存在问题。**1969 年下水的日本原子能船"陆奥号"在航行试验中稍稍提升了原子炉的输出功率,结果引起放射线泄漏,迫使试验中断。各地均拒绝"陆奥号"停泊,而对它的整修也从未停止,但最终人们还是在 1993 年将原子炉撤去了。

现代船舶动力的发展目标是:达到大输出功率的同时设备实现小型轻量化。目前主流的船舶动力是采用燃气轮机驱动发电机,通过发电带动马达和螺旋桨的混合方式。

保持固定的输出功率运转会优化发动机的输出效率,特别是燃气轮机,转速越高功率越大。

另一方面,螺旋桨在低速旋转的状态下效率更高,因此需要复杂而笨重的减速装置。于是,可以通过调节发电机所发电量进行细微调整的马达被用于驱动螺旋桨

（或喷水推进系统）。发电机同时还解决了船内的供电问题。

此外，使用蓄电池的动力方式，也能实现船舶的静音航行或潜水艇的深海航行。

◎现在主要的船用发动机的输出功率及总质量

名称	输出功率	总质量	平均每吨的输出功率
燃气轮机（发动机22 t，发电机55 t，消耗燃料1344 t）	4.9万马力	1421 t	约34.5马力/t
船用柴油机（发动机24.5 t×4，发电机11 t×4，消耗燃料1104 t）	4.0万马力	1248 t	约32.1马力/t
通用柴油机（直连发动机与发电机共1065 t，消耗燃料989 t）	4.4万马力	2054 t	约21.4马力/t
原子炉（原子炉1800 t，汽轮机373 t，消耗燃料0 t）	4.0万马力	2173 t	约18.4马力/t

消耗的燃料，均是在以电为动力推进运行178小时（7天10小时）、航行8000公里的条件下统计。

能否回归初衷？

最初以移动和运输为目的的船舶演变为军舰后，被纳入到各国的军事战斗力量之中，海军拥有航母与潜水艇的意义重大。现在这些战舰正作为战争的威慑力量发挥着独特的作用。

另一方面，随着飞机、火车、汽车等移动和运输方式的不断增多，军舰以外的船舶正在逐渐回归其原本的用途。运输石油的大型油轮、供游客消遣的豪华客轮、用于短途往来的低成本定期联络船、渔船、休闲艇等各式船舶层出不穷。

现在不仅有往来于大海与河流的船舶，还出现了在天空航行的"飞艇"以及奔向宇宙的"宇宙飞船"。人们把将人或物资运送到人类自身无法前往之处的交通工具都称为"船"，并根据使用目的不断发明新船。时至今日，为了探索未知的宇宙，人们依旧在不停地制造各种新式船舶。

车轮

公元前 4000 年

物流产业发展的根基。引领人类驶向文明，

公元前 4000 年左右，出现了将圆木的滚棒与制陶使用的拉坯工具——辘轳合为一体的"车轮"。罗马帝国时期，车轮在战争中作为战车的部件被广泛使用，与此同时，还逐渐演变进化为风车、水车和齿轮等。

19 世纪出现了充气膨胀的橡胶轮胎，从而迎来了乘坐舒适度与行驶性能同步发展的时代。另一方面，世界上也存在从未使用过车轮的文明。车轮究竟为人类带来了什么？

风车诞生于 5600 年前

若说起中世纪影响世界的三大发明，应该是印刷术（活字印刷术）、火药和方位磁铁（指南针），而人类文化黎明时期的三大发明则是火、语言和车轮。这些发明使人类区别于其他动物，成为人类文明的发端。

火与其说是发明，倒不如说是人类学会了火的使用方法。 除了取暖和照明，人们还开始用火对食物进行加热烹调。人类发现了火的各种用途。

语言（声音语言）在思想沟通及信息传递方面的作用不可或缺，但语言不是人类独有的，也存在于其他生物身上，如鲸鱼、海豚等。语言不被视为发明，而是自然产生的事物。

这就是说，**车轮可以说是人类最早的重大发明。** 在圆形木板中心装上滚轴而形成的旋转构造，不仅用在货车和马车上，还成了风车和水车的主要部件。机器用的齿轮（传动装置）也可以说是车轮的一种。

风车诞生于公元前 3600 年左右的埃及，据记载当时被用来引水灌溉农田。公元前 50 年左右的古罗马书籍中也有记载称"有作为动力的水车，但很少使用"。当时的罗马是奴隶制社会，劳动力资源丰富，因此人们认为没有必要使用水车这种出色的技术。

说到出色的技术，您是否知道诞生于公元前 150 年至公元前 100 年间的**"安提基特拉机械"**？

这是 20 世纪初从地中海的古老沉船中打捞回收到的一块生锈的金属。发现之初人们怀疑它可能是一件工艺品，但经过 X 光进行放射扫描等细致检查后，得出了令人震惊的结论。

安提基特拉机械中有 37 个大小不同的精密齿轮。这些齿轮复杂地连接在一起转动，并且显示出了太阳、月亮以及当时所发现的太阳系行星的运行方式和位置。它或许还能够预测月食和日食。

◎**安提基特拉机械**

1901 年从沉船中打捞而出。而人们认为 18 世纪以后才有可能制造出与之同等精密的机器。

可以认为，这些风车、水车和齿轮都是在充分了解了车轮构造的基础之上被制作出来的。

那么，车轮本身是何时诞生的呢？

实际上，一种比较有说服力的观点是：车轮出现在公元前 4000 年左右的美索不达米亚（苏美尔文明时期），最初是在运货车上使用的。

之后，为了提高耐用性，人们在车轮的外周裹上动物的皮；而为了实现轻质化，又逐渐采用辐条结构（即从车轮的中心向外围呈放射状延伸的棒状部件的构造）。

从那之后很长一段时间车轮的样式没有发生大的变化。

进入 20 世纪，工业制铁技术确立后，人们逐渐开始用铁来制造车轮，并且还制造出了利用空气压力来缓解冲击的橡胶轮胎。

从滚棒和辘轳中诞生的车轮

车轮被发明之前，重物都是利用**滚棒**（圆木）搬运的。这种把物体放在排列好的圆木上进行移动的方法，至今仍运用于整体房屋的移动上。不过，如果使用滚棒的话，那么必须要在整个移动区域内都排列好圆木。

在无法准备足够多的圆木时，可以依靠人力将位于移动方向后方、不承担货物重量的圆木转移到前方。但是，若把滚棒安装到货箱的下方，就无需如此费事了。另外，如果使用较粗的滚棒，滚动效率也会变高。人们在公元前就已经开始试图改良滚棒了。

也有从其他方面进行改良的方法。公元前五千年左右，底格里斯河和幼发拉底河孕育下的美索不达米亚地区土地肥沃，农耕繁盛。所以，存水容器及用于搬运和保存农收物的容器就变得十分必要。于是，那种将黏土压制成形、再烧制加固而成的陶器开始广受欢迎。为了在短时间内生产出大量的陶器，使黏土成形的圆形旋转板——**辘轳**应运而生。

不久滚棒演变成滚轴，通过货箱侧面的轴承固定。尽管不知是谁想出的主意，但人们**不再采用增大圆木直径的方法，取而代之的是在圆木的两端嵌上形同辘轳的木制圆形单板**。这就是最早的车轮，同时也是带有车轮的货箱，即车辆（车）的诞生。

在这之后，货车、马车、战车等车型陆续出现。以往的步兵逐渐变为身乘马车、手持武器的冲锋战车兵，战争的形式发生了很大的变化。而且，能够制造出持久耐用、性能良好的战车（车轮）的一方，往往能在战争中取得胜利。

通过丝绸之路驶向亚洲

车轮从美索不达米亚传到古罗马之后，又在那里得到了重大改良。对于企图通过侵略战争来扩大领土的罗马来说，安装了高性能车轮的战车（双轮马车）成为其强力的武器。

那时的车轮上开始采用辐条等吸收冲击的构造，随着故障的减少，修理及维护的花费也相应降低。并且，由于乘坐的舒适感增加，士兵们的疲劳减轻，作战积极性也提高了。

到了公元前 1600 年（又说公元前 800 年），车轮技术传到了古代中国。在中亚山岳众多的地区，反应敏捷的骑马作战是主流，战车多在平原地区使用。战车（马车）在此时发挥的功能是作为指挥官搭乘的战斗指挥车，以及运回伤兵的救护车。战车逐渐向载人用车辆发展。

未曾使用车轮的印加文明

世界上也有未将车轮用于产业和流通的文明。那就是曾繁荣于现在的墨西哥到中南美洲区域的包括阿兹特克、玛雅、印加等的印第安文明。

在教科书等材料中有"在这些文明中没有发明出车轮"的记载，而实际上从构建起印第安文明基础的奥尔梅克文明（公元前 1200 年至公元元年前后）的遗迹中发现过一些带有车轮形状的动物玩偶（狗或豹的脚部形似车轮的玩具）。

在多险峻地形的印加文明存在区域，不使用货车和马车是可以理解的。但是，阿兹特克和玛雅却是在以平地为主的区域发展繁荣的文明。

　　尽管如此却**没有发现使用过车轮的痕迹**。特别是在印加文明时期，虽然建造了总长达4万公里的道路网——"印加道路"，但往来运输皆是依靠人力。

　　关于那些文明不使用车轮的原因，有种说法认为是受到宗教价值观的影响，但至今尚不明确。或许持续了千余年的文明突然中断也有没有采用车轮等技术的原因吧。

◎奥尔梅克的车轮玩具

遗迹中发现了数量众多的脚尖形似车轮的动物玩具。

在长途旅行的痛苦颠簸中诞生的橡胶轮胎

往后三千年的时间里，车轮的外形都没有发生大的改变，直到 19 世纪，车轮才得到了划时代的改良。1835 年，有人在车轮的外周装上了橡胶。10 年后，有人发明了将充气膨胀的橡胶贴在车轮外周的轮胎。

但是，这些发明都只被作了专利申请，并没有得到实际运用。此后，人们忘记了橡胶轮胎的存在。

苏格兰出生的兽医约翰·博伊德·邓禄普在移居爱尔兰的过程中对其马车之旅感到十分不快。当时的马车使用的是加裹了固体橡胶的木制车轮（实心橡胶轮胎），乘坐起来十分颠簸。于是邓禄普在儿子的三轮车车轮上试验安装上充满空气的橡胶管，并于 1888 年发明了实用的充气轮胎。

1895 年，法国的米其林兄弟在汽车比赛中首次采用充气橡胶轮胎。

此后的 100 年间，从汽车、自行车到部分的火车与飞机，几乎所有交通工具都开始使用充气橡胶轮胎。车轮可谓是与物流运输技术发展密不可分的存在。

不用车轮的超导磁悬浮列车

如果既能支撑车辆的重量，同时又能得到推进力的话，那就不需要车轮了。实现这一目标的是日本铁道综合技术研究所和 JR 东海公司①开发的**超导磁悬浮列车**。在超导磁悬浮列车中，电流从超导状态下的线圈中通过，可以实现同时提供悬浮力与推进力。在 2015 年 4 月进行的载人运行试验中，磁悬浮列车的最高时速达到了 603 公里，成为铁路方面的世界最快速度记录。

但是，超导磁悬浮列车也有车轮。在低速运行时，会启用橡胶轮胎的辅助支持轮，还备有紧急情况下为保证列车安全着地的紧急落地轮。虽说是磁力悬浮式铁路，但要完全取消车轮是不现实的。

① 译注：日本东海旅客铁道股份有限公司。

公元前 3000 年

文字

与文明一同走过数千年。
人类最重要的发明。

绘画被单纯化后成为绘画符号，进一步精炼与体系化后就形成了文字。在自己的所有物上签名是文字的开始。

公元前 3200 年左右，古埃及确立了象形文字（圣书体）。之后，文字与文明融为一体，世代传承，周而复始。

文字的存在是如何改变历史的？又是如何被体系化的？若是能探明文字的历史，也就能解开文明兴亡之谜了。

日语是别具一格的文字体系

在日语中，通常把表意文字和表音文字混合书写，表意文字是从姿态与行为动作中诞生的汉字，表音文字是根据汉字简化而成的平假名与片假名；同时，还使用句号等标点符号、计算用的数字（阿拉伯数字）以及罗马字（拉丁字母）。

现代日语使用了五种文字，可以说是别具一格的语言。世界上的语言大部分是由 2—3 种文字构成，不太会像日语这样。

文字最初流传到日本大约是在二千年以前，那是从古代中国传过来的汉字。最有名的证据就是在志贺岛（日本福冈县）发现的一枚金印，上面刻有"汉委奴国王"五个汉字。此后到了公元 6 世纪，汉字在日本被作为日常用语使用。

另外，这里所说的文字指的是具有某种固定实意的信息。信息中包含着意义与发音等，对所有人而言，多数人看到同一个信息，能以同一个意思传递并且广为人知的事物就被称做"文字"。

从绘画到符号再到文字

人类历史中，文字诞生前绘画（洞穴壁画）就已经存在了。通常认为，旧石器时代尼安德特人（穴居人）势力渐微，而现代人（智人）逐渐兴起。尽管尚不明确绘画之人为哪一方，但在距今约 4 万年以前的洞穴墙壁上确实存在过绘画留下的痕迹。

顺便一提，位于法国南部的肖维岩洞中的壁画是确知年代最早的洞穴壁画。据考它是距今约 32000 年前所绘而成。洞穴壁画的大部分都生动地描绘了动物的姿态，关于狩猎的场景也有不少。

当时的人类过着一定人数的群居生活。为了提高狩猎的效率，需要人们集体协作追逐猎物。于是，为了实现群体内部的沟通交流，就有了利用声音会话的信息传递系统。

一般认为，**区别自己和他人、表示个人身份的称呼（名字）在文字出现之前就已经存在。**

然而，狩猎时的人员安排和任务分配等仅靠声音来传递比较困难。于是人们逐渐开始使用绘画来辅助会话。不过，逐一描绘成写实而生动的画面是非常耗费时间的。

最初产生的是简直"如同照片般真实的"洞穴壁画，随着时代的演变，画面逐渐简化了。动物变成了只有轮廓的线条画，而人的具体形象也被省略、手和脚被表现为棒形，同时还画出了弓箭和长矛等工具来体现狩猎的场面。

始于表示"所有权"的签名？

实际上，文字何时起源尚不明晰。不过，在公元前 4000 年至公元前 3000 年期间，文字作为一种体系尚未完成，但确知已经出现了单纯表征某一事物的象征符号一类的东西。在酒瓶（缸、壶）等的封口处，刻有表示个人所有物的签名记号。可以认为，"这是我的东西！"这样的意思表达就是文字的开始。

此外，在某处通过画几根线来表示数量的方法也始于这一时期。现在我们在数数的时候使用写"正"字的方法计数，与此相似的画线方式在很遥远的过去就已经存在。

体系化文字的确立

象形文字是将事物的外形、动作、现象等姿态简化，再将其作为文字使用的体系化符号。说起象形文字，公元前 3200 年左右古埃及确立的**象形文字（圣书体）**颇为著名。

在当时，**象形文字是仅限神官或王族等特定人群才能读写的一种暗号**。然而，这些象形文字作为一种记录被人们花费时间刻在石头上保留了下来，历经数代完整保存且被长期使用。

此后，由于气候变化，埃及地区降雨愈发稀少，会侵蚀石块的雨水也变少了。因此，在埃及的遗迹中至今仍保存着象形文字。

坚固岩石上残留的文字和埃及不常降雨，这两个偶发因素保护了有关文字起源的证物。

古代词典"罗塞塔石碑"之谜

文字的历史也是文明的历史。为了详细了解某一时代繁荣的文明或文化，解读当时这一地方所使用的文字可以说是最好的方法。

◎罗塞塔石碑

高 1144 mm、宽 723 mm、厚 279 mm、重 760 kg 的花岗闪长岩石柱。上面刻有公元前 196 年古埃及法老托勒密五世的诏书。

但解读古代文字不是件容易的事。因为不了解它们的文字体系，所以解读进展比破译暗号还要缓慢。直到"罗塞塔石碑"被发现后，这种状况才发生了改变。

被赋予了"某某的罗塞塔石碑"、"历史性的重大发现"、"对于解开疑问不可或缺的发明"等意义的罗塞塔石碑，是 1799 年在埃及的罗塞塔（地名）发现的一块石板。

罗塞塔石碑上同时刻有古埃及的象形文字、与之同时期的**世俗体（民众文字）**以及**希腊文**，而这些文字表述的是同样的内容。

1803 年，希腊字母的部分被破解，但解读另外两种文字仍然花费了很长时间。大约在 20 年后的 1822 年，法国的古埃及学家让－弗朗索瓦·商博良声称破解了这些文字。

随着长期谜一样存在的象形文字和世俗体被破解，人们逐渐可以确定使用文字的具体时期。

周而复始的文明盛衰与文字的兴亡

在其他一些文明中产生了不同的文字。例如公元前 2600 年左右，现在的伊拉克和科威特周边地区繁荣着苏美尔文明，产生了苏美尔文字。苏美尔文字受到原始文字（没有确立为文字、不成体系的符号）的影响，这些原始文字包括：据考证于公元前 3500 年左右形成的**乌鲁**

克文字（图画文字）、原始埃兰文字、埃兰线形文字等。

苏美尔文字也被称为**楔形文字**，是与象形文字的圣书体完全不同的文字体系。它是将削尖的芦苇秆压在黏土板上，刻几条看上去形似楔子的线条，从而构成简单而抽象的图形。

因为可以在柔软的黏土板上"随意书写"，所以记录文字不用花费太多时间；而又因是黏土，还能随时修正错误之处；此外，如果将黏土板烧制成陶器，还具有可以长久保存的特点。

随着文字的诞生，苏美尔文明中出现了"契约"。刻在黏土板上的文字一经烧制就无法改变。因为能留下证据，所以具有稳固的约束力（即契约）。苏美尔的刻板（石板）起着凭证和票据的作用。这样一来，商业交易的信用有了保证，苏美尔地区进一步繁荣发展，社会财富开始集中。

但是，凡事都不会只有好的一面。伴随着文明的不断繁荣，周边地区逐渐开始挑起事端。苏美尔与周边各国的战争不断。不过颇有讽刺意味的是，当时战乱中焚烧了存放黏土板的仓库，结果后世从战争遗址挖掘出了很多刻板。

世界上任何地方一旦出现新的文字，都会经历同样的情况。能够确立文字的文明繁荣到一定程度，如果带动周边兴起了其他更加强大的文明，就会被侵略与支配。

文字可以促使文明繁荣发展，但有时也可能加速文明的灭亡。

此外，拉丁字母来源于腓尼基文字，这是公元前1000年左右在地中海一带兴旺发达的海上商业民族使用的文字。腓尼基文字先演变为希腊文，进而在公元前7世纪左右演变成了拉丁文。

现在伊斯兰国家使用的阿拉伯文字以及俄罗斯等地使用的西里尔字母也是从腓尼基文字中派生出来的。

汉字才是最古老的文字

在世界上所有的文字当中，使用人数最多的就是汉字。并且，在现今使用的文字中，确立时间最早的也是汉字。商（殷）王朝（公元前17世纪至公元前11世纪）后期出现的**甲骨文**被认为是早期的汉字，从那时起流传至今。

汉字也是人类历史上字数最多的文字。如果将现在已不常使用的文字计算在内，其总数远超十万个。仅在日本，现在日常使用的汉字就有2136个。

汉字数量如此之多，是因为汉字是表意文字，每个字都包含有特定的意义。当然，汉字[①]中也存在像表示德国的"独逸"、表示咖啡的"珈琲"这样的表音文字。

---

① 译注：此处作者指的是日本所用的汉字。

文明之谜无法破解的原因

在 1533 年西班牙殖民者征服印加帝国之前，在墨西哥到中美洲西南部这片地区繁荣的印第安文明（玛雅文明、阿兹特克文明、印加文明等）都是没有文字的文明。

准确来说，在玛雅文明中曾存在过由一部分神官秘密传承下来的象形文字——**玛雅文字**。但是，由于西班牙人嫌恶这些异教文字而烧毁了玛雅文字的文书，仅留下了关于历法和王朝历史的记录。

因此，在公元前 2500 年到 16 世纪如此长时间繁盛的这个文明，我们至今无法获知当时的生活方式、政治结构以及宗教信仰等详细情况。

在印第安文明中，各种各样的商业交易需要计数，人们就用绳子系扣的位置和数量来记录信息。尽管可以认为这其中的一部分也存在文字信息，但由于作为记录载体的绳子容易腐烂，因此没有留下能够用以进行系统解读的遗物。

这一点对于有文字的文明也是一样的。即使有文字存在，但是否将其记录到易于长期保存的载体上，这对了解那个时代的深度和广度而言，差异是巨大的。

因此，将文字刻在坚固岩石上的埃及文明和把文字烧制在黏土板上的苏美尔文明，他们的许多事情都通过这些记录逐渐被探明。

另一方面，中国和中东地区以外的**很多亚洲文明都将文字记录在木简、竹简以及原始的纸张之上。**

以前记录文字的载体大部分来源于植物，所以上面的文字经过漫长的岁月腐朽殆尽，解读起来十分困难。

"文字"小杂谈

现代人如何保存记录？

如何将文字和信息留存给后世至今仍是一个课题。日本国立国会图书馆等正在积极推进图书馆数字化（电子化），想通过这些手段将更多信息公开于世。然而这种记录方式只是符合现在的信息设备环境，100年后是否依旧可以通用，这还存有疑问。

近十年来，拍照从使用胶卷相机变为数码相机，信息终端从个人计算机变为智能手机。信息的读取装置以及技术手段瞬息万变。尽管可以记录信息，但是读取机器可能会消失。

公元前 3000 年左右

钟表

为农业与航海技术的发展
做出巨大贡献的发明。

公元前 3000 年左右，古埃及和美索不达米亚出现了通过太阳的运动来计量时间的日晷。在中世纪的欧洲，教会定好礼拜的时间，通过鸣钟告知大家，还设置了大型钟表。

到了 16 世纪，使用固定周期运动的摆和发条动力装置的机械钟出现了。接着，人们开始拥有能够随身携带的钟表了。20 世纪，人们发明出了精密的石英表和原子钟。人类如今还在不停地追求钟表的准确性。

钟表指针"从左向右旋转"的原因

随着农耕文明和宗教的出现，人类逐渐意识到"时间"这个概念。人们从事农业活动时，有必要准确地把握雨季和旱季的到来、合适的播种时期等。此外，人们也开始举行祈祷和感恩丰收的仪式，原始的宗教开始发展。

古埃及人从月亮和太阳的运行中，制定出了"月"、"年"这种区分时间的历法。因为预测尼罗河的泛滥情况成为人们公认极其必要的事，故而在公元前 4000 年左右，人们创制了将 1 年分为 365 天的历法。

人类通过太阳的运动总结了从白天到黑夜的变化规律。而通过立在地面上的物体的影子移动来测定时间的**日晷**，在公元前 3000 年左右的古埃及就被使用了。被称为**方尖塔**的石柱遗迹就是日晷。

而且，据说作为国王（法老）陵墓的金字塔也被用作日晷。

还有说法称与埃及文明同时期甚或更为古老的美索不达米亚文明也使用过日晷，但是并没有史料确证。

在我们的印象中，钟表的指针基本都是从左向右旋转的。这由来于北半球的日晷的影子，其移动方向也是从左至右的。

由于日晷在雨天和夜晚不能使用，因此在公元前 1400 年左右的埃及出现了**水钟**，与日晷并用。

水钟的工作原理是利用特殊容器记录水漏完所需的时间。除此之外，还出现了在线香或蜡烛上标记刻度、根据燃烧量来计量时间的**火钟**，还有**沙漏**等各式各样的计时器。

在公元前 3 世纪左右的古希腊，水钟得到了高度发展，东方也制造出了被称为"**漏刻**"的水钟。日本以中国唐朝传来的技术为基础，在飞鸟时期的公元660年首次制作出了水钟，慢慢形成了用钟和鼓来通知时间的习惯。

但是，与需要按照规定时间出勤的现代职场人士不同，近代以前大多数的农民和渔民平时几乎不需要知道如此准确的时间。

由教会管理时间的欧洲

欧洲的教会从7世纪左右开始逐渐形成惯例，每天在固定的时间举行祷告仪式。因此，便也逐渐有了定点鸣钟，用以通知时间。

之后到了公元966年，时为修道僧的著名罗马教皇西尔维斯特二世设立了一台能够自动鸣响的机器，这被公认为机械钟的鼻祖。现存最古老的机械钟位于意大利的帕多瓦大教堂。它是在公元1350年前后被制造出来的。当时，教会的大型钟表通过重锤以及带动转轴上的冠齿轮的机轴擒纵机构进行调节，能够按照一定的频率运动。

在日本，寺庙也是在固定的时间鸣钟，向附近的居民报时；而在中世纪的欧洲，钟表体型庞大、价格高昂，由位于城市或乡村中心的教会来统一管理区域共同体的时间。

此外，据说最早的便携式小型钟表出现在公元1500

年左右的文艺复兴时期，是由德国纽伦堡的一位名叫彼得·亨莱因的工匠制作出来的。这项发明使得钟表得以小型化，进而人们可以随身携带，因此普通百姓可以不再受教会的束缚，自由地自我管理时间了。

在中世纪之前的欧洲，不仅是时间，连学术知识也是由教会垄断管理的。但是，在钟表进化的同时，活字印刷术普及了，宗教改革也在进行，个人逐渐能够拥有圣经等书籍，这一系列的变革成为近代个人主义传播的契机。

远洋航行中不可或缺的机械钟

按照一定的频率来运动可以说是钟表最为重要的机能。主张"日心说"的意大利天文学家伽利略·伽利雷于 1583 年发现了**摆的等时性原理**，即不论摆动幅度的大小，完成一次往返摆动的时间都是相同的。

此后过了半个多世纪，1654 年，英国的物理学家罗伯特·胡克发现了游丝也是以一定的周期进行振动的。而后把这些发现应用于钟表技术的荷兰物理学家克里斯蒂安·惠更斯于 1656 年发明了摆钟。随后惠更斯又于 1674 年发明出了**使用游丝的怀表**。从那以后，机械钟的生产开始规模化。

当时，航海领域最需要使用可以随身携带的机械钟。在海上确定船舶的位置时，南北纬度可以根据太阳或星

◎**惠更斯的摆钟**

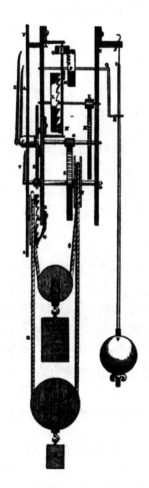

摆钟的摆每晃动一次，就能以一定的角度转动齿轮。不过这个摆钟需要固定起来使用。

星的位置进行推断，而测定东西经度就需要计算出出发地和所在地太阳上中天的时间差。

地球每24小时自转一周。如果与出发地的时差是1小时的话，那么经度上就相差360度的二十四分之一，也就是15度。这样一来，为了掌握船的位置，就需要可以带上船、计时精确的钟表。

当时政府为航海用钟表的开发设立了高额的奖金，这促使钟表的精度不断提高。1761年，英国的钟表匠约翰·哈里森制造的钟经过为期156天的大西洋航行，最终误差仅为54秒。这对于当时而言是具有划时代意义的精密钟表。

在法国，阿伯拉罕·路易·宝玑开发出了发条的自动卷盘、永久日历以及防震装置等，据说他的创造"将钟表的历史提前了200年"。宝玑的钟表也被当作价格高昂的装饰品，受到法国王后玛丽·安托瓦内特和拿破仑的喜爱。当时的**怀表不是在工厂大量生产的商品，而是通过订制，手工制造的贵重物品。**

改变钟表历史的人造水晶与电池

钟表在工业革命迅速发展的19世纪中叶开始批量生产。在瑞士，制表企业"欧米茄"与"劳力士"分别于1848年和1905年成立。进入20世纪，更加轻巧易看的手表得到普及，取代了长期以来使用的怀表。

20世纪出现的一大变革来自石英（水晶振子）钟的诞生。若向水晶施加电压，则其1秒钟可以振动32768次。这一现象是法国的物理学家皮埃尔·居里和其弟弟[1]雅克在1880年发现的。之后，皮埃尔与妻子玛丽凭借在放射性方面的研究成果共同获得了诺贝尔物理学奖。

1927年美国科学家沃伦·马里森利用这一现象发明了石英钟。虽然这个石英钟在精确度方面与以往的钟表相比具有压倒性的优势，但其尺寸大小如同一个房间，是一个外形巨大且十分昂贵的机器。

但是，第二次世界大战以后，**人造水晶和电子仪器开始批量生产**。日本的精工公司于1969年卖出了**世界上第一块石英手表**，当时的售价高达45万日元，比轿车的价格还要高。但与以往1天之内就会有15—20秒误差的发条式手表相比，这个石英表一个月的走时误差仅在3秒以内，这是非常精确的钟表了。从那以后，石英钟爆发式地普及开来。

同时，电池开始成为钟表的动力来源。手动卷紧发条上的螺丝，这个给手表上发条的动作渐渐看不到了。

如今，在东京的山手线和中央线等城市铁路中，即使因事故导致列车运行时刻表发生紊乱，一段时间过后也会很快恢复正点运行。使这种精确到分钟的列车运行成为可能，也可以说是由于石英钟的普及产生的巨大影响吧。

---

① 译注：此处原文有误，实际应为哥哥。

决定了"1秒的定义"的原子钟

现在公认精确度最高的计时工具是 1949 年在美国首次投入使用的原子钟,据说每过几万年才会有 1 秒的误差。物体的原子和分子通常以一定的频率发射和吸收电磁波,原子钟利用了这一性质。铯原子和氢原子等也被运用于原子钟。

过去,把 1 年内太阳运行速度平均计算后得出**平均太阳日**的 86400 分之一作为 1 秒,然而随着原子钟的出现,1 秒得到了更为精准的定义。1967 年召开的第 13 届国际度量衡大会,将铯 133 原子特定的放射周期的 9192631770 倍的时间定义为 1 秒。

另外,日本的标准时间是依据国立研究开发法人信息通信研究机构所使用的原子钟来规定的。

现在市面上销售的走时最精准的电波表,能够通过其内部装有的天线,定时接收由标准无线电波发送站发送的电波。在日本,标准无线电波发送站有一个位于福岛县的大鹰鸟谷山的山顶附近,另一个位于佐贺县和福冈县交界处的羽金山顶附近,几乎覆盖了全日本。

这种电波表具有接受标准时间信息的电波后自动校正时间的功能。

"钟表" 小杂谈

八音盒与钟表曾是 "兄弟"。

与机械钟缘分颇深的是留声机出现之前唯一能自动演奏的机器——八音盒。

中世纪教会的钟塔内置有排钟,通过发条装置来控制数个音程不同的钟发出鸣响,演奏出乐曲。

八音盒就是小型化的排钟,内装有怀表中作为动力源的发条。

这种通过带有针头的圆筒转动来拨动金属梳齿从而发出声音的八音盒,是瑞士的钟表匠安托·法布在 1796 年发明的。

玻璃

公元前 2500 年左右

用途无限拓展。
从武器与餐刀到装饰物与建材，

　　玻璃作为石器之一拥有漫长的使用历史。通过加热地球表面任何地方都有的素材就能制得玻璃。公元前2500年左右，美索不达米亚确立了玻璃制法。制法在短时期内得到改良，埃及以及之后的罗马和波斯等地的玻璃贸易随之繁荣起来。公元6世纪左右出口到世界各国的波斯玻璃，通过丝绸之路传播到了遥远的日本。

　　20世纪50年代，英国的皮尔金顿公司研制出浮法成型技术，从此廉价的玻璃板开始被大量应用于建材等方面。

使用天然玻璃的古代人

　　窗玻璃、手表上的玻璃、玻璃桌、汽车的车窗玻璃、玻璃瓶、玻璃饰品等，现代人的生活中存在着各式各样的玻璃制品。放眼望去，人造物品当中或多或少都会使用到玻璃。

人类在很久以前就已熟悉玻璃。据记载人类开始使用玻璃是在石器时代早期。那个时候的玻璃指的是**黑曜石**，也就是自然形成的玻璃。

割开黑曜石，会出现与玻璃碎裂时同样的贝壳状切口。切口十分锋利，徒手触摸的话，一不小心就会被割伤。古代人把黑曜石打制成大小适手的尺寸（打制石器），把具有利器般切口的黑曜石当成刀具使用。另外，制成小块的黑曜石也被用作弓箭的箭头或长矛的矛头。

以中南美洲为中心而繁荣起来的印第安文明（印加、阿兹特克、玛雅等），由于金属加工技术没有得到发展，直到15世纪仍在使用黑曜石制成的石器。

或许是因为优质黑曜石的产地有限，所以历史上也有将其作为贵重物品来对待的遗迹。再者，由于不同产地的黑曜石的元素构成比例各异，所以如果仔细研究挖掘出来的古代打制石器，也能了解当时的贸易关系。

黑曜石制成的打制石器有效发挥了玻璃的特性。在自然界中，除了黑曜石之外，还有其他显示出玻璃属性的物质，它们都被称为天然玻璃。

在美索不达米亚诞生的玻璃制造技术

通常认为最早的人造玻璃是在沙地生火后留下的残

◎自然界里的玻璃、天然玻璃

·黑曜石

以二氧化硅为主要成分的熔岩喷出物等，自然状态下骤然冷却后形成的玻璃状物质。

·玻璃陨石

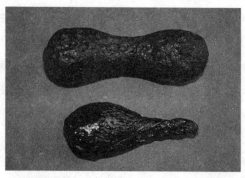

地表的沙石等受到陨石撞击而熔化飞散，在空中急速冷却后形成的玻璃。

余物中偶然发现的。火成岩中含有的石英是二氧化硅的结晶物。石英因为较硬，所以易于作为沙子留存下来，又因为较轻，容易聚集在沙滩等地方。

另一方面，植物燃烧过后残留的灰烬中包含钾、钙、钠等矿物成分。

石英形成的沙子和灰烬中的矿物质都与现在使用的一般玻璃（钠钙玻璃）的成分相同。纯石英熔化需要1500度以上的高温，但如果里面有钾和钠的话，即便在炉火那样800度左右的火焰中也能融化。因此，能在燃烧残迹中发现像玻璃一样的物质也就不足为奇了。

一般认为人类开始制造玻璃是在公元前2500年左右的美索不达米亚地区。 从当时的遗迹中发掘出数量众多的用某种特别铸造方法制作出的玻璃珠和玻璃管等装饰品。

此后，玻璃制造技术从美索不达米亚传播到叙利亚和埃及，兴盛一时。

将熔化的玻璃倒入黏土做成的模具中，慢慢冷却后即可做成各种形状。相比金属，玻璃能够在更低的温度下熔化，因而是一种易于加工的材料。

就像在陶瓷器表面使用釉药（釉子）一样，为玻璃上色的技术也应运而生。此外，人们还发现可以把颜料本身融入玻璃中制成有色玻璃。如此一来，有色玻璃不只用作装饰品、带色的玻璃壶等容器、喝饮料用的高脚玻璃杯等也开始被大量生产。

今天被称为水晶玻璃及具有高透明度特性的铅玻璃，其制造方法也是在这一时期确立的。到了公元前 1400 年左右，人们甚至能够将多种颜色的玻璃组合起来，制造出马赛克式美丽的镶嵌玻璃。考古挖掘出许多当时的玻璃制品显示，确实存在现在不能再现的制造方法。

公元前 300 年左右，亚历山大港（现在的埃及）建成了玻璃工厂，聚集了来自各地的工匠，成为玻璃制品的一大产地。

一提起玻璃工匠，或许脑海中就会浮现出将空心铁管的前端插入熔化的玻璃中，再通过吹气使其膨胀成形的**空中吹制法**[1]，这个技法是在公元元年前后的古罗马确立的。

置于正仓院的玻璃碗的由来

通过透明的玻璃容器，能够看见倒入其中的液体。此外，玻璃还能加工成复杂的形状，也能使用磨刀石进行打磨修饰。优秀的玻璃工艺品现在仍被当做艺术品来看待。玻璃工艺品在罗马和波斯文明兴盛之初就受到重视，主要作为出口商品销往北欧及亚洲各地。

日本奈良县的法隆寺正仓院内收藏的**白琉璃碗**是一

---

① 译注：一种玻璃吹制术，与之相对的是模型吹制法。

个乳白色透明的半球状玻璃碗，其特点是外侧周身遍布圆形凸起刻面。

白琉璃碗在公元 6 世纪从西方传入日本，然而很长一段时间不明其来历。直到了 1969 年前后，随着同类物品在伊朗北部大量出土，人们判定出这些都是在公元 6 世纪由盛极一时的萨珊王朝波斯帝国（现在的伊朗、伊拉克）的皇家工坊大量生产的商品，之后经由丝绸之路传到了奈良。

说起 6 世纪，这也是地中海沿岸的东罗马帝国的繁盛时期。但在那之前的公元 4—5 世纪，曾在罗马帝国被广泛用于制造罗马玻璃（罗马玻璃杯）的技艺随着罗马帝国的东西分裂而一同没落。

此外，**日本现存最古老的玻璃制品是从公元前 3 世纪（绳文时代晚期）左右的遗迹中出土的浅蓝色玻璃小球**。通过对它进行成分分析，人们认为玻璃制造技术最开始是从美索不达米亚传入古代中国，之后在公元前 1000 年到公元前 400 年间，中国逐渐确立了自己独特的玻璃制法，这项技术后来又传到了日本。

玻璃的成分因产地而异，而制法在各个地方也有其独立的发展，因此若仔细研究传入各地的玻璃，同样可以探明交易渠道。无论是天然玻璃黑曜石，还是人造玻璃，从这两个方面都能获知同样的线索。

浮法玻璃的出现改变了全世界的窗户

人们利用玻璃的透光性做出了窗户。不透风雨却能透过阳光的窗玻璃出现于罗马帝国鼎盛时期的公元 3—4 世纪。不过当时制造平板玻璃的方法是：先将吹制玻璃切开，然后放置到辘轳上面，再利用离心力将其伸展拉平制成。制造过程中玻璃的形状看上去像一顶帽子，因此这个方法被称为**王冠法**。

王冠法制成的平板玻璃通常为圆形，圆周边缘也会出现一些凹凸不平之处。如果要把它做成四方形的窗玻璃，就必须得裁切四边，无法进行批量生产。因此，当时窗玻璃是教会等处使用的高价贵重品。

中世纪欧洲流行的彩色镶嵌玻璃也是无法做出大型的平板玻璃后想出的权宜之计吧。镶嵌玻璃源自公元 5 世纪左右、把小片玻璃镶嵌成马赛克状，最初使用的是无色透明的玻璃。后来装饰性逐渐被重视起来，于是从公元 8 世纪开始使用有色玻璃制作镶嵌玻璃。

13 世纪以后，彩色玻璃流行起来，在威尼斯的穆拉诺岛上聚集起一批玻璃工厂。由于当时的威尼斯共和国严格禁止玻璃制造技术的外流，所以自罗马帝国之后没落的玻璃制造业在那里再度繁荣起来，凭借**威尼斯玻璃**（威尼斯的玻璃工艺品）之名发展兴旺，传承至今。

像如今这样能够批量生产大型的平板玻璃是 20 世纪 50 年代以后的事了。世界玻璃制造企业中最广为人知的英国皮尔金顿公司（现已被日本板硝子公司收购）率先研发出将熔融的玻璃漂浮在熔融的金属上层的浮法技术，最初使用的金属是熔点较低的重金属锡。

浮法技术大幅降低了大型平板玻璃的生产成本，于是现代建筑积极运用玻璃，在高楼大厦等的外部装潢方面大量使用玻璃。进而，根据不同的使用环境，强化玻璃、阻挡紫外线或红外线的玻璃以及具有导电性的玻璃等也被研发出来，并且投入到实际使用中。

玻璃的真面目

液晶电视和智能手机等的显示屏，用的是玻璃；使高速通讯成为可能的光纤也是玻璃；在不太为人知晓的地方，如个人计算机等的存储硬盘（HDD），其旋转圆盘现在几乎都是由玻璃制成的。

不论是使用黑曜石的时代还是当今社会，玻璃是我们生活中不可或缺的存在。今后人类还会制造出更多拥有新功能的玻璃。

说起来，所谓的玻璃并非单一物体或物质的概念。玻璃在常温下像固体一样坚硬、遇高温会变软、温度进一步升高的话就变成了液体。

既非液体也非固体（结晶），把表示玻璃各种状态的描述归结起来，就有了"玻璃"这个称呼。

关于玻璃的真实身份，以往的说法是：数万年都不会流动的黏性极高（有黏性）的液体。

而人们在近年的研究中发现了玻璃中的结晶构造，这是固体的证据之一，但目前还未有定论。所以，玻璃的真面目至今尚未明确。

"玻璃"小杂谈

名称中含有材料名的特殊玻璃。

◆ **萤石玻璃**
　　成分与矿物萤石相同，为"氟化钙"玻璃，由于光学特性良好，因此被用于制造照相机或望远镜的镜头。

◆ **石英玻璃**
　　是与水晶一样由二氧化硅单一成分制成的玻璃，常用于制造计量用的实验器具，其特点是耐温度变化。

◆ **蓝宝石玻璃**
　　与蓝宝石和红宝石成分相同，人为将"氧化铝"切成板状的大块结晶。严格来讲，这不是玻璃，而是结晶，因而硬度高、抗磨损。

铁器

公元前 2500 年左右

最初以陨石为材料！
古代的精炼技术充满谜团。

公元前 3000 年以前出现了最早的铁器，那是将陨石熔化后制成的。之后，到了公元前 2500 年左右，赫梯文明确立了从铁矿石中炼铁的技术，但它作为军事机密受到严格的管理。

铁一方面具有连通宇宙中天体的浪漫色彩，另一方面若被用来制造武器，又会成为战火蔓延的助力材料。

现在各地仍保留着传统的炼铁技术，与此同时，最新的炼铁技术还被染上了战争的色彩。

人体也不可或缺的铁

支撑起现代文明基础的是**铁**和**混凝土**。铁有韧性，混凝土特别坚固，无论缺少哪一方，建筑物都无法维系。尤其是铁，它深深地渗透到生活的方方面面。此外，铁与人类的生命也息息相关。专家建议成年男性每日摄取10—15毫克铁元素。按重量计，每个人体内大约含有4克铁。

血液在人体内循环流动，其中的红细胞通过人的呼吸将氧气运送至全身各处。红细胞内有一种名叫血红蛋白的红色素，其蛋白质中含有4个铁原子。包括人类在内的几乎所有脊椎动物（鱼类、两栖类、爬虫类、鸟类、哺乳类）的血液呈红色，正是因为有血红蛋白。

铁与生物化学的关系如此之密切，是因为它是地球上数量最多、最易获取的金属吧。不过，从人类诞生到开始把铁作为工具（铁器）使用，期间经历了非常漫长的岁月。

公元前3500年左右，在底格里斯河与幼发拉底河之间的肥沃土地上，美索不达米亚（苏美尔）文明繁荣起来。尽管当时城邦间的战争不断，但通过治水和灌溉使农业产量得到提高，人们过着安定的社会生活。然而，到了公元前15世纪，用铁器武装的赫梯人攻打进来，转眼间就征服了这片土地。

虽然在当时的美索不达米亚已经普及使用青铜（铜锡合金）制成的金属加工品，有了所谓的青铜器工具和武器，但是在铁器的面前却显得无能为力。

铁的精炼需要高超的技术

为从矿石中精炼金属，需要掌握随意操纵火（火焰）的技术。由于美索不达米亚文明一度繁荣过的地区（现在的伊朗高原）盛产铜矿石和锡矿石，而作为燃料的木材资源也十分丰富，所以在**公元前 3000 年左右那里诞生了青铜器**。

铜矿石中含有锡。如果铜和锡的比例得当，矿石的熔点会下降到 700 度左右，这时在矿石上点火，就会流出金黄色的金属（青铜）并且凝固起来，因而最初青铜器的制造是从这个偶然发现开始的吧。

不过，通常认为**纯铁的熔点是 1535 度，而含有碳等杂质的不纯铁的熔点是 1400 度左右**。木材燃烧时达到的温度为 300—400 度，木炭（黑炭或白炭）燃烧时能达到 800—1200 度，因此即使青铜熔化了，铁也还没熔化。精炼铁需要可以达到更高温度的炉具。

铁容易与氧气发生反应，所以在陆地上发现的铁矿石几乎都是氧化铁的状态，也就是铁与氧结合之后的生锈状态。要从中取得纯铁就需要把氧化铁和木炭（碳）混合起来，高温加热，把氧从氧化铁中分离出去（分离出的氧与碳结合生成二氧化碳释放到空气当中）。这就是精炼铁的工作原理。

在赫梯文明之前的美索不达米亚遗迹中也发现了铁器。然而，这些铁器比较特殊，除了铁之外，还包含镍、钴等成分。这是因为公元前3000年之前制造的铁器使用的原料是来自宇宙的一种陨石——**陨铁**。

拥有从铁矿石中精炼铁这一技术的只有赫梯人。正是因为陨铁对他们而言触手可得，才使大量生产铁器成为可能。

用陨铁制成的上古铁器

美索不达米亚的铁（陨铁）是含铁80%、镍8%—10%的合金。尽管这样的铁制品容易生锈，但依然出土了许多铁制的装饰用剑、戒指和串珠等饰品，可以认为**当时的人们已经知道了作为原料的陨铁是从天而降的，希望能将这份神秘的力量附于己身。**

来自宇宙的陨石中大约有5%—6%是由铁镍合金形成的陨铁。太阳系中，漂浮在宇宙空间里的碎石和岩块依靠相互之间的万有引力聚集到一起，反复碰撞与融合，形成最初的行星。直径大于100千米的小天体一旦形成，冲击时产生的热量会使其内部熔化为黏稠状，铁和镍等重金属元素会因为重力的作用集中到天体的中心。

如果这样的小天体因为与其他的小天体相撞而遭到破坏，四分五裂成碎块再降落到地球上就是陨铁。顺便一提，地球的内核也是由大量的铁和少量的镍构成的。

赫梯人灭亡后炼铁技术的传播

公元前 12 世纪左右，赫梯人灭亡，铁器的生产技术从东亚流传到世界各地：公元前 10 世纪传入印度、公元前 9 世纪传入古代中国，这项技术在传播中不断革新。

但是，至今无人知晓**赫梯人对铁进行精炼的缘起**。也许是出于军事机密考虑，担心这项技术被其他国家夺去，赫梯人破坏了制铁设备等，所以几乎没有留下任何痕迹。

那么，先来看一下古代日本吧，人们认为那时的日本人使用与赫梯人相似的方法炼铁。

炼铁技术传入日本是在弥生时代。铁器本身是公元前 3 世纪传入的，但制造方法并未流入。包括金属精炼等的青铜技术传入日本的时间是公元前 1 世纪，而炼铁技术最早是在公元 1—3 世纪传入北九州和中国地方 [①] 的濑户内海沿岸。这时候传来的是从红褐色的赤铁矿中炼铁的方法。

柔软而易于加工且又外形精美的青铜在日本主要被用于珠宝首饰和宗教用品。另一方面，坚硬而结实的铁则多用作武器或农具。铁器在农耕和战争中起着举足轻

---

① 译注：此处的"中国地方"是日本的地域名，与中国无关。

重的作用，与赫梯人一样，炼铁技术在日本也是保密的，当时的铁矿石产地等也不为人所知。

在中世纪的日本，铁是贵重物品。尽管铁制农具结实又好用，但价格高昂无法为农民所有。在当时的庄园制度下，政府等掌权者每天早上出借所拥有的铁制农具，傍晚收回。农民直到公元11世纪左右才开始个人拥有铁制农具。

日本传统的炼铁方法——踏鞴

古代日本的炼铁技术按不同的材料和炉具的形状分成多个流派。这种状况的形成是因为技术的传播途径不同，还是因为在传播至各地的过程中技术被不断改良，现在已经不得而知。在这些流派中有一种传统炼铁技术传承至今并且不断发展，名为"踏鞴"[①]。

"踏鞴"是一种从发黑的磁铁矿（砂铁的主要成分）中精炼铁的方法。这种方法炼制时间长且产量低，但是能得到优质的铁。

这个方法主要用来炼制制造日本刀所需的玉钢。现在传统的日本刀用钢依旧是通过"踏鞴"的方法制造的。

这种技术起初利用自然风来精炼铁，后来使用风箱（脚踏的大风箱）强制送风，提高了炼铁的效率。

---

① 译注："鞴"音 bèi，在日语中是"风箱"的意思。

人们将用大力一步一步走的动作形容为"踩风箱"，正是由来于驱动风箱的动作。

◎蛇纹管式的风箱

向炉内强制送风（空气），用于快速提高温度。

工业革命的动因是钢铁工业

炼铁技术再次受到关注是在公元 15—16 世纪的欧洲。这一时期工业快速发展，铁的需求不断增加。炼铁炉得到改良，利用风箱送风的方法也从人力驱动变为水车驱动。这样一来，铁被大量生产出来了。

铁的精炼需要大量的木材，因为砍伐过度，整个欧洲的森林逐渐消失了。到18世纪，木材资源枯竭，铁的产量也随之减少到全盛时期的十分之一。

然而，在当时的日本，由于拥有再生能力出色的林业资源，所以炼铁技术不断改良大幅发展起来。日本在铁制品的生产和加工方面达到了世界顶尖水平，日本的刀剑制品作为艺术品大量出口到西方。此外，铁制品在普通百姓中也得到了普及，这使日本的炼铁技术进一步提高，直到现在，日本的炼铁技术仍在不断发展。

欧洲在进入木材匮乏期后，为了取代作为燃料的木炭，开始使用煤炭加工成的焦炭来炼铁，并于18世纪末至19世纪迎来了工业革命。随后，铁制大炮诞生，这为整个欧洲的格局重组、尤其是德国和意大利的国家统一提供了力量支持。

不过，铁的最大缺点是容易生锈。在20世纪初合金不锈钢出现之前，**开发出不会生锈的铁对技术人员来说是最大的奋斗目标**。

在不锈钢出现之前，源于印度的乌兹钢和**大马士革钢**作为不锈铁广为人知。但实际上乌兹钢和大马士革钢并非不生锈。真相似乎是用它们制成刀剑时刀具上会浮现十分精美的条纹图案，再经过频繁的加工修饰，变得难以生锈。

并且，与大马士革钢一样，日本刀也是用敲打烧红的铁使之成形的锻造方法制成的。

　　◎**大马士革钢的刀具**

　　运用独特的锻打技术制成，刀身部位呈现出木纹风格的图案。

货币

变成推动历史的力量。
从物物交换的工具

在古代，自身具有很高价值的黄金或白银是物物交换顺利进行的媒介，但每次交易都要称取金银的重量却是十分麻烦的事。到了公元前 7 世纪，人们把黄金加固制成金属货币（硬币），转眼就在全世界普及开来。

纸币作为与硬币交换使用的票据诞生于 1023 年。纸币出现后的货币历史也是与假币的斗争史。最初只不过是交易媒介的货币不知从何时开始成了推动历史发展的力量。货币是个直到今天仍在持续进化的发明物。

经济伴随人类群居而生

生物一旦开始群居生活，社会便诞生了。众所周知，蚂蚁和蜜蜂都是具有社会性的昆虫，实际上人类也是如此。依靠血缘关系维系的家族集团中，也会为了提高生存率而产生不同的角色分配。

随着集团的不断扩大，每个人的分工日趋专一。另外，集团中的个体为了生存下去需要水和食物，于是这些物品的流通也就开始了。

那么，用于保证我们人类能够获取水和粮食的货币，即硬币和纸币是如何诞生的呢？

原始的经济活动以物物交换为核心，但是狩猎所得的肉和鱼、栽培所得的蔬菜和谷物等不能单纯以大小或重量为标准进行交换。寻找交换的参照标准也十分不易。1公斤肉能换100克盐，3公斤蔬菜能换100克盐，通过一天的劳动也能换得100克盐……**在物物交换中也需要某种价值标准。**

由此诞生了货币。要成为货币，需要具备这些条件：**尺寸易于流通、价值不会随时间发生变化、不易获得等。**

远离大海的内陆地区的盐、干旱地区的水等，都曾被选作"货币"。将维持生命不可或缺的东西定为交换对象，这是因为其价值不易发生变化。无论水和食物再怎么贵，人们都必须购买（交换）。

瞬间推广开来的硬币

最初的货币使用的多为交换起来十分便利的东西，如古代中国和大洋洲用的是贝壳、古代日本用布等。但也有例外，在密克罗尼西亚的雅浦岛，人们用的是**石币**。石币的具体做法是：将大石头削成圆盘状，中间凿有一个棍棒能穿过的孔。这种石币基本无法随身携带，所以用它交易时往往不移动石币的位置，只是转移其所有权。石币的这种属性往往会让人觉得它是交换物的附赠品。

其后不久，金属片开始作为货币流通起来。原本作为装饰品使用的黄金和白银，即使铸造加工后其价值也不会发生变化，那是由于其价值源于重量（质量）。

当今发现的最古老的金属（铸造）货币是**埃雷克特鲁币**[①]，据说出现于公元前 7 世纪安纳托利亚半岛（现在的土耳其）的吕底亚王国。从当地河底挖出的沙金是制造琥珀金币的原料，这是一种包含金和 10% 银的天然合金。因其呈现暗金色，故以希腊语中表示琥珀之意的"埃雷克特鲁（electrum）"一词来称呼。

◎**埃雷克特鲁币**

模压制成的颗粒状的金币，被认为是世界上现存最古老的硬币。

---

① 译注：又称琥珀金币。

拥有铁的精炼技术的赫梯文明在公元前1200年左右消亡之后，吕底亚王国诞生，其矿石开采、金属提取、精炼和铸造等技术都十分发达。并且吕底亚王国位居东西方交易的要地，因而对货币的需求很高。

金属货币诞生之前，依靠称取不同重量的沙金来执行货币的功能，然而每次交易都要称重十分不便。为了省去麻烦，使交易顺利进行，人们发明了金属货币(硬币)。

公元前6世纪，有人制造出了金币和银币，国家层面的货币制度得以确立。满足前文所述的三种作为货币条件的硬币，通过往来交易迅速推广开来。在这几十年间，古希腊和罗马帝国也先后出现了硬币。到了公元前5世纪，中国大陆开始使用带孔的硬币。

劣币发行，假币增加

16世纪，英格兰都铎王朝时期的财政顾问托马斯·格雷欣向伊丽莎白一世提出过一条建议，其内容即后世所谓"**劣币驱逐良币**"的格雷欣法则。

格雷欣阐述到：市场上同时存在实际价值高的货币和实际价值低的货币时，若两者的面额相同，实际价值低的货币（即劣币）会更容易流通，最终导致良币消失。

尽管这句阐述出自16世纪，但实际上货币诞生不久这个现象就出现了。如果金币和银币的实际价值与其面额等值那没有任何问题，然而当时的国家和政府为了获得货币发行利益，渐渐降低货币的实际价值。具体做法是，若为金币则减少金的含量，若为银币则减少银的含量。

使用货币的平民百姓将含金量高的、有价值的货币储存到身边。最终流通于市场的只剩下劣币，而一些假币也混杂其中。

当时的硬币大部分是铸造加工品，因此制造假硬币并非难事。如果面额高而**获取原材料的成本低，市场上自然而然就会出现伪造的硬币。**

打穿金属板、碾压印制精密图案的制法成为制造硬币的主流方式后，伪造硬币就变得困难起来。后来随着纸币的诞生，硬币成为辅助货币，其面额也大幅降低，这成了伪造硬币大幅减少的主要原因。

此外，世界面值最高的硬币是日本的 500 日元硬币，其制造方面采用了大量的防伪技术。

"硬币·纸币"小杂谈

新 500 日元硬币采用的防伪技术。

　　日本的 500 日元硬币自 2000 年开始变成"铜 72%、锌 20%、镍 8%"的镍黄铜材质。因其具有特殊的电导率，可以用机器来辨别真伪，同时还进行了以下特殊加工：

- 在 500 的"00"两个数字上，刻印了通过特定角度能够看到的潜像；
- 将侧面的锯齿制成倾斜的形状（世界首例）；
- 在桐花图案上，采用了挖凿极小孔洞的细微加工技术；
- 在硬币上下两面"日本国"和"500 円"字样的周围进行细微加工；
- 刻印了只有 0.18 mm 的细小字母（NIPPON）。

硬币出现 1500 年后，纸币登场

现在，全世界流通的货币有硬币和纸币两种。人们认为纸币与本身就有价值的金属货币（硬币）不同，使纸片具有价值的纸币需在社会安定后才会出现，所以诞生时间要比硬币晚很多。

世界上最早的纸币是中国北宋时期发行的**交子**。当时四川地区的铜储量略显不足，因此强制要求民众使用铁制硬币（铁钱），但铁钱价廉质重，使用不便。因此，一种类似商人工会的民间组织，在交易所发行了储存铁钱的存款凭条（票据）。只要持有存款凭条，在全国各地这样的交易所都可以取出与记载数额相同的铁钱。1023 年，北宋王朝在备足了交换用的铜钱之后，发行了公开流通的纸币"交子"。

在欧洲，1661 年纸币诞生于瑞典。**银行发行的金银存款凭证（票据）作为银行券得到政府的承认**后，开始流通。

在日本，现存最早的纸币是 1610 年伊势的商人发行的"**山田羽书**"，当时得到了幕府的承认。这种纸币诞生的契机，是位于伊势当地街道两侧的向导和住宿组织发行了方便参拜神宫者使用的票据，这种票据代替了以往的丁银（银币）。

在那以后，藩地、武士、旗本①、朝廷、寺院和神社都陆续发行各自独自的票据。明治时期以后，银行开始发行银行券，明治18年（1885年），日本银行券终于成为国家统一使用的纸币了。

◎世界上最早的纸币"交子"

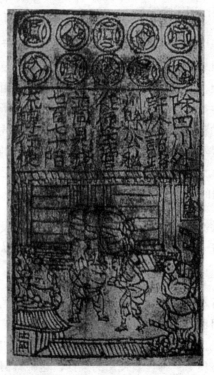

它的发行使人们可以不再随身携带沉重的铁钱。

---

① 译注：江户时代幕府将军的直属武士。

造币行业的最新防伪印刷技术

因为纸币本身没有价值，因此纸币可以说是一种信用货币。它靠发行机构（即银行）的信用而存在，一旦发行机构失去信用，其价值就会下降。为不出现这种状况，纸币由发行机构负责管理。纸币的制造成本通常在其面值的一百分之一以下（如 1 万日元纸币的制造成本为 20—25 日元）。

伪造货币的犯罪行为层出不穷。近年来，纸币印刷领域施用了多项高超的防伪技术。具有代表性的防伪技术包括**水印**、**凹版印刷**、**微型文字**、**深凹版印刷**、**潜像图案**、**全息印刷**等。频繁更换设计样式也是防伪手段之一。

近年来，为了满足机器识别纸币的需要，开始在纸币上使用特殊发光油墨、磁性油墨、红外线反应油墨等。目前，科学家们还在研究将肉眼看不到的极小的 IC 芯片载入纸币的全新技术。

另外，现在的纸币多是采用**"欧姆龙环"**技术的印刷品。采用这项技术的纸币上印有特殊图案，现在生产的彩色复印机等设备可以自动对其进行画面识别。复印机一旦发现这种图案出现，不仅会终止处理复印，还会在想要复制时就发出警告。

旋即而来的电子货币时代

澳大利亚在 1988 年发行了新的货币，其材质不是纸（植物纤维）了，而是合成树脂。因为这种货币是用分子聚合形成的树脂(聚合物)制成，故被称作**塑质钞票**(又称塑料纸币)。其比以往的纸币耐水性好、结实又不易破损，伪造起来也更加困难。近年来采用这种塑质钞票的国家越来越多。

此外，只交换数据信息的电子货币也有取代硬币和纸币的倾向，逐步普及起来。其中很多电子货币的形式类似特定企业发行的、电子化的商品券。现在，连比特币这样不存在发行商的网络货币也出现了。

道路

牵系着文明的繁荣与衰退。

在人类历史上，最早出现的是野兽出没形成的山野小道和羊肠小径，而为了满足人类通行需要而铺设的真正"道路"始于罗马帝国。罗马帝国建造的道路能够满足军队高速行军的需要，所以非常坚固，在两千多年后的现在也能和当时一样正常通行。然而，罗马帝国后来却由于建造道路耗资过多而走向衰落。

另一方面，那些没有系统建造道路的文明，其发展受到了阻碍。这说明道路建造过多和过少都不行。而现代的道路建设也引发了不少新的问题。

从野兽出没的山野小道中自然形成

1914 年，高村光太郎发表了《路程》一诗，诗的开头两句如下：

我的前方没有路
而我的身后出现了路

高村所写的"路"可说是一种意象，它指代了人生的前进方向或今后的行动指南。如果把"路"视作人或动物留下的痕迹，那么动物多次经过同一地方形成的山野小道，或者草原上人们踏倒青草前进后形成的**羊肠小径**均符合条件。

至于"道路"则可以定义为：为了通行，人为铺设的路。即使是山野小道或羊肠小径，如果人们在上面频繁行走，将泥土踩踏紧实、去除阻碍通行的低矮灌木、将地面整理平整的话，那也就成了道路。

最初的道路在人类开始定居生活的同时出现在全世界的各个地方。不过，当时的道路十分简陋，不耐风雨和植物侵蚀，一旦人们终止通行，它们很快就会变得无法辨识。

在这种情况下，大约5800年前建造的**斯威特古道**依然奇迹般地留存至今。2009年，人们在大不列颠群岛南部的英格兰湿地中发现了这条古道，其总长两公里，由木板连接而成。这是一条为了方便人们跨越湿地而修建的通道，古道下面的泥沼中插有数根圆木起支撑作用，上面搭放着木板。

◎最早的人造道路——斯威特古道

为跨越湿地而用木材修建的道路。

由于泥沼中的圆木没有腐烂保存至今，所以根据其年轮进行年代测定后得知，这条古道是在公元前3807年到公元前3806年间建成的。

人们在其附近还发现了石斧（磨制石器）等器物，这正是新石器时代后期的代表工具。当时农业和畜牧业刚刚开始发展，社会正在发生重大变革。

斯威特古道是人们为了跨越湿地这一明确的目的而建造的。之后，在英格兰还建成了几个巨石阵，巨石文明由此得以繁荣。当时的人们**为搬运巨大的石头需要崎岖较少且平整的道路**。

巨石文明催生的石板路

古埃及的金字塔、英格兰的巨石阵、罗马帝国的多样化建筑物、中美洲用巨石堆积建造起来的神殿……这些古代文明的建筑遗迹中，都使用了质重坚硬、体积硕大的岩石。但由于古代遗迹的建造场所和岩石的产地相距甚远，所以需要运输巨石。

如果靠近大河或者大海，就能利用木筏一类的船只进行运输。实际上，虽然时代和地理位置与古时候不同，但日本建造大阪城时，其石墙所用的一部分重量超过一千吨的岩石也是通过船只运输的。

但是，在陆地上即使距离不长，运送这样的巨石也很困难。尽管人们会考虑用圆木作为滚轴来运送巨石，但如果地面不够平坦和坚硬的话，滚轴就无法顺利滚动，甚至还会陷入地里。

为此用石板等材料铺设的道路诞生了。人们在埃及发现了公元前4000年左右的铺路痕迹。虽然早期的石板路是搬运巨石用的，但人们发现徒步行走在石板铺设的道路上也方便许多。这样的道路下雨不会泥泞，于是各地都开始建造这样的道路，并且逐步对其进行改良。

比如，在发展过程中，人们先是在道路的底部（地基）填充砂浆和水泥，使其变为多层复合结构，厚度增加至1—1.5米；进而又把路面改良为中央稍稍隆起、两侧略低的构造，变得利于排水；到了公元前400年左右，人们在铺路时开始使用沥青作为黏合石块的材料了。

公元前312年开始铺设的**罗马大道**（阿庇亚大道），至今还保留着当时的样貌。这条大道可说是当今道路的雏形。

罗马大道这样复合构造的道路，与现在发达国家的主要道路很相似，这种道路能够承载重型车辆的通行。

如今，在发展中国家的很多地方，广泛铺设用沥青覆盖表层的道路，其表面看上去是模仿发达国家主要道路而建造的。实则这样的道路容易受土壤收缩和地下水侵蚀的影响，频繁出现下陷和下沉等问题。

因过度修路而衰落的罗马帝国

正如格言"条条大道通罗马"所说，罗马帝国修建了很多道路。罗马帝国的势力范围曾经几乎覆盖欧洲的西南全境，统治着从英国到中东再到非洲北岸一带的广大区域。一旦远方的领土发生叛乱，罗马方面就必须紧急派遣军队前往领地进行镇压。

罗马大道以罗马为中心呈放射状延伸，连接着各大城市。最终，罗马人在其全部势力范围内建成了网状的道路系统。据传其主要干线道路的长度约为86000公里，而所有道路的长度总和达到了29万公里。这个长度相当于绕地球7.3周。

为了镇压叛军，罗马帝国的军队（包括步兵、骑兵、马车以及战车）需要高速行进，因此主要街道必须被修建得十分坚实。

此外，罗马人在修路时若遇山脉会将其打通，若遇山谷则会搭建桥梁，总之要尽可能地建成直行的道路。

不论现在还是过去，修建道路都需要大量的经费。道路修得越长，管理费用也就越高。**修建了近30万公里道路的罗马帝国，面临急剧膨胀的维护费用，逐渐陷入了财政危机。**结果导致罗马帝国的军事力量随之减弱。

相反，对于周边国家而言，正是因为罗马帝国的道路修缮完备，所以攻打其主要城市就变得十分容易。最终，过度修建道路成为存在了近千年的罗马帝国走向灭亡的原因之一。

建造摩艾石像导致了文明的衰落

当然也有些文明最终消亡并不是因为建造道路。比如公元10—17世纪，在智利领属的复活节岛上曾经繁荣一时的复活节岛文明。这个岛因为摩艾石像而闻名于世。几乎所有用于建造摩艾石像的巨石都采集自大致位于复活节岛中心的采石场，而这些石像却全部立在岛的边缘地带。

岛上的居民必须从采石场向岛屿边缘沿放射状路线搬运这些巨石，但因岛上各部族之间存在互相争斗等情

◎ 罗马帝国的势力范围和道路网（罗马大道）

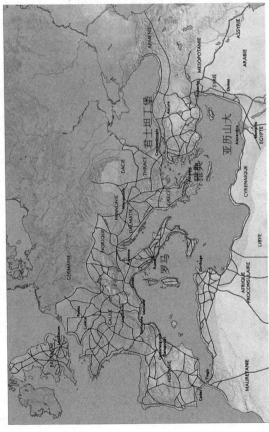

罗马帝国鼎盛时期（公元 117 年左右）的地图。罗马人建造了从毗邻地中海的非洲北岸到
欧洲再到英格兰的网状道路系统。

况，故一直未曾修建公用的道路。

正因为如此，**岛民修建了只在建造摩艾石像时才会使用的简易道路，砍掉了阻碍修路的树木。**与此同时，为了防止别的部落建造其他摩艾石像时使用自己部落用作滚轴的圆木，圆木用完后都被作为祭坛烧掉了。

巨石的运输需要大量用作支柱和滚轴的木材。石头越大，就需要使用越多的滚轴来分担重量。因此，随着摩艾石像的建造，岛上的树木被越砍越少。

这样一来，复活岛的文明逐渐衰退了，后来甚至连建造打渔用圆木舟的木材都被砍伐殆尽，导致人口锐减。当18世纪的西方人发现此岛时，岛上的居住人口已经处于濒临灭亡的状态。

日本东京过度修建道路？

在日本国内，一般的国道大约有67400公里长，都道府县的道路大约总长142400公里，如果再加上高速公路和市镇乡村的道路，全日本道路实际总长约为1273620公里（截至2012年）。这个长度大约是地球和月球之间距离的三倍。整个东京都地表的道路覆盖率约为8.5%（截至2014年）。如果仅限在东京23区这个更小的范围，道路所占地面的比例约为16.4%，有的地区的道路覆盖率甚至可以达到20%。

此外，大部分道路都铺有沥青，这一点引发了新的城市问题。问题之一是**城市型水灾**。由于沥青路面难以渗水，因此降雨都汇集到下水道及河流中。城市的下水道平均每小时最多能够处理 50 毫米的降水，一旦遇到事前难以预测的大暴雨，有时一小时之内的降水就会超过 100 毫米，这时下水道中的水就会溢出。

另一个问题是导致城市气温明显升高的**热岛效应**。由于沥青路面容易吸收阳光，因此易于形成高温，连带周围的气温也随之上升。这也是导致城市内大暴雨频发的重要原因。

为了减少这样的灾害，需要在道路的铺设方法上下工夫。如今人们正在研究透水性铺路方式，尝试通过增加路面间隙使雨水易于渗透；此外，可以反射太阳光热（红外线）的涂饰特殊路面等也在被不断开发出来。不过要改善所有的问题，人们还需要花费大量的时间和金钱。

罗马帝国过度修建宏伟的道路，而复活节岛文明恣意铺设简陋的道路，两者最终都走向了灭亡。规划不当的道路管理会使国家走向衰退。希望现在的执政者能够以史为鉴，可以知兴替。

纸

公元前150年前后

至今仍在不断发掘其新的用途。源于亚洲，传遍世界。

纸是古代中国的四大发明之一。关于纸的起源，有了新的史实发现。一直以来，大家都认为纸是在公元105年由蔡伦发明的，但近年在中国的历史遗迹中，发现了被认定为是公元前150年左右制造出来的放马滩纸。那么纸到底是何时出现的呢?

人们不断改良纸的制作方法，纸张逐渐取代了莎草纸和羊皮纸，慢慢传播到全世界。一方面，欧洲大量生产西洋纸；另一方面，日本的手抄和纸将传统的造纸方法延续至今。

从记录载体到建筑材料

现在市场上销售的纸包括书刊用纸、印刷用纸、笔记用纸、图画用纸、包装用纸以及卫生用纸等。根据用途不同，还有其他种类，比如最大边长可达1米的复印纸，收款机打印凭条小票用的筒状纸等。无论哪种纸，厚度都在 0.07 毫米到 0.3 毫米之间，薄为其特点。

"纸"这个字是由表意的"糸"和表音的"氏"组合而成的结构。"糸"是指木材等的纤维，而"氏"是拍打解开纤维时发出的声音。另外，英语中的"paper"、法语中的"papier"、德语中的"Papier"，以及西班牙语中的"papel"，都是源自古埃及的"papyrus"（莎草纸）一词。

简单地说，纸就是**"将木或草的纤维搅烂成一团，再薄薄地摊开，待其干燥后形成的东西"**。使用上述方法，同样运用纤维缠绕的原理，以动物毛为原料可以做成毛毡，以人工合成的化学纤维为原料就可以做成无纺布。

电子载体的快速普及，导致传统报纸与杂志的数量日益减少。但是，作为传播、共享（发布）、记录、存储信息的载体，纸却有着很悠久的历史。纸与文字和印刷（活字印刷术）的发明一起，为人类文明、文化的发展及延续做出了不可磨灭的贡献。

不仅如此，纸还被作为容器、缓冲材料和建筑材料等广泛使用，将来依旧会被应用于各种各样更多的领域。

严格来讲不是纸的"莎草纸"

提起最初的纸，很多人的脑海中都会浮现出古埃及人使用的**莎草纸**。将植物的茎薄薄地一层层剥下，整齐排列后捣碎，再经过干燥就形成了莎草纸。由于纤维并没有相互缠绕，所以从严格意义上讲这不是纸。

如果可以栽种专门用于制作莎草纸的植物，尽管比较费工夫，但可以批量生产出莎草纸。古埃及人就是通过这种方法使莎草纸成为其主要的出口商品，进而把莎草纸传到了东亚和欧洲。

但是，莎草纸在制作过程中，植物纤维是按照同一方向排列的，所以韧性差，甚至会发生断裂。虽然莎草纸在干燥的埃及保存完好，但是在潮湿的欧洲甚至出现了发霉和腐烂的现象。

另外，还有一种纸与莎草纸几乎同一时期在欧洲普及，直到中世纪一直被用作记录载体，这就是**羊皮纸**。正如其字面上的意思一样，羊皮纸是把羊等动物的皮薄薄地展平，加工后制成，所以严格来讲也不算纸。

羊皮纸因为是用动物皮加工而成，韧性大幅提高，不仅可以双面书写，而且如果保存条件良好，留存其上的字迹即使千年以后依然保持清晰。加之墨水不会浸透进动物皮，所以将表面薄薄的一层削去后，羊皮纸还可以再次使用。

但是，由于原料是动物皮，不能大量生产，故而羊皮纸十分珍贵且价格高昂。当时的羊皮纸主要被教会或神殿用于撰写书籍、法典和抄本等，并非普通百姓可以获得的物品。

除此之外，作为古代记录的载体，东方人是将削成薄片的木板用丝线串连起来做成木简，或者用竹片做成竹简，用以书写文字。

纸是由古代的中国人发明的！

纸诞生于古代的中国，这一点已成定论。这是因为现存最古老的纸，是在中国公元前150年左右的墓葬遗迹中挖掘出来的。

这就是以遗迹之名命名的**放马滩纸**。出土的纸上绘有西汉时期的地图。而在其他公元前100年左右的遗迹中，也发现了纸张，其以大麻的纤维制成，似乎被作为包裹铜镜的包装纸使用。另外，还有人认为在放马滩纸之前，古代中国就已经开始造纸。

此外，据记载，公元105年，供职于汉宫的一位名叫蔡伦的人制造出颇具实用性的纸，并将其进献给皇帝。相传蔡伦造纸的原料主要是树皮、碎麻布以及破渔网等。

不过在中国，蔡伦并非纸的发明者，而是改良造纸技术之人。证据就是他在造纸的时候借鉴了当时已经存在的防寒无纺布的制造方法。蔡伦的造纸术与作为日本传统工艺之一的手抄和纸的制法极为相似。

公元7世纪，古代中国制造的纸及其制法一并传入日本，后作为和纸走上了独立的进化发展之路。公元8

世纪，纸经由丝绸之路传至伊斯兰诸国；12 世纪时传到西西里岛；到了 13 世纪传入意大利，逐渐取代了莎草纸和羊皮纸。

公元 17 至 18 世纪，欧洲的造纸工业兴起。最初以水车和人力为主要动力的制造方式，随着机械化发展进程逐渐革新成流水作业形式。

当时欧洲的印刷技术得益于古腾堡的贡献而不断进步，平民阶层对于纸的需求空前高涨。

◎古代中国以竹子为原料造纸的工作程序

塹 漂 竹 斩

① 斩竹漂塘：把砍下的竹子浸入水池中。

火足煌煮

② 煮煌足火：充分浸煮。

荡料入帘

③ 荡料入帘：用纱网将竹子上的纤维滤出。

④ 覆帘压纸：翻转纱网层层覆盖形成纸。

⑤ 透火焙干：充分干燥后形成的纸张。

无法长期保存的西洋纸

18世纪的时候，出现了一个改变以往造纸原料的重大发明。发明新原料的人与造纸业其实没有半点关系，他是一位昆虫学家。1719年，法国人列奥米尔在观察马蜂窝时发现，蜂巢看起来就像结实的纸张。

马蜂制造蜂巢的原料是咀嚼过但并未完全消化的树皮，与其自身分泌物结合形成的产物。列奥米尔由此想到，可以用木头的纤维（木浆）来造纸。

1840年，德国人发明了通过化学方式从木材中提取木浆的方法，纸的生产率一下得到了大幅的提高。与每年只能收获一至两次的棉、麻等草本植物（草）不同，木材不受季节变换的影响，人们可以获得稳定的供给。如此一来，可以持续进行工业生产的西洋纸逐步席卷全球。

到了19世纪后半叶，为了防止墨水渗透，人们在批量生产西洋纸时，采用了添加硫酸铝的方法。此后，造纸业可谓进入了飞速发展的时代。

然而，这个方法也带来了巨大的问题。西洋纸中的硫酸铝与空气中的水发生化学反应后会分解成硫酸和氢氧化铝，而生成的硫酸会慢慢分解纸中的纤维（纤维素）。很多西洋纸经过大概50年的时间就会发黄变烂。这就是所谓的"**酸性纸**"问题。

如今，针对旧公文等重要的档案资料，人们正在采取各种对策加以保护，比如喷洒碱性溶液以中和酸性物质，或是利用不会发生劣性损坏的数字化方式进行保管等。近年来，为防止墨水渗透而添加中性化学制剂的中性纸也越来越多。

"纸"的小杂谈

废纸的再利用已有千年的历史。

废纸的再利用，历史悠久，在日本可以追溯至平安时代。

不过，当时所谓的再利用是把作为贵重物品的纸张多次重复使用而已。

直到江户时代，人们才开始把废纸溶解在水里，重新沥干做成新纸。当时甚至出现了专门收购废纸的商人。

如今，日本仍以 80% 的高废纸回收率领先全世界。在日本，即便是新生产的纸或纸制品，其中也有约 60% 是以废纸为原料做成的。

公元 3 世纪

餐具

在历史长河中曾消失千年的刀叉。

现代人的餐桌上通常摆放着餐刀、餐勺和餐叉等各种食器（餐具），显得十分豪华。如今备受世界好评的法国料理及其做法实际上诞生在 16 世纪以后，并没有十分悠久的历史。

餐刀——餐勺——餐叉，这样的出现顺序有其历史原因。这背后还与罗马帝国的衰落有着令人意外的关联。

覆灭已久的罗马帝国的功绩曾经一度遭到掩埋，取而代之的却是"近代的日耳曼民族发明了餐具"这番讹传的历史虚言。

餐具和烹饪的关系

当今世界的总人口约为 72—73 亿。其中，吃饭时习惯使用筷子的约有 22 亿人，使用餐勺和刀叉的约有 22

亿人，而剩下超过 28 亿的人直接用手进食。进餐方式多种多样，针对不同的餐具，烹饪方法也各有不同。

例如，日本料理用筷子就餐，这就决定了它的烹饪方法。用筷子，可以完成夹、抓、摆、插、切、剥等动作。但是若要对较硬的肉块进行切割等操作，仅用筷子就不行了，必须在烹饪前用刀对肉块进行切块等处理。因此，切食物的刀不断发展，并且逐渐多样化。

而在西餐中，每一种动作，诸如夹取、切割等，都配有最合适的工具。 切肉的时候用切肉刀，切鱼的时候用切鱼刀，喝汤的时候则用汤勺，凡此种种，工具的种类丰富多样。

尽管烹饪的手法维持原样，但是西餐餐具却不断得到改良，并且发展日趋多样化。

另外，"餐具（cutlery）"这个词，其实是切割用具的总称。在西餐餐具中，尤其是餐刀、餐勺、餐叉这一类具有切割功能的餐具背后，有着不可思议的历史。

最早的餐具——餐刀

最早出现在餐桌上的是餐刀。在各地出土的打制石器中，用黑曜石制成的小刀尤以锋利著称。在狩猎文明中，打到猎物的人拥有分配食物的权利。因此，用来削皮切肉的刀具被人们视若珍宝。

相传不久之后出现了金属制成的刀具，人们不仅用它分解所获猎物，还可以用它插取肉块，以便直接上火烤制食用。

直到 15 世纪，欧洲还保留着这样的饮食文化。在某幅描绘当时晚宴餐桌场景的绘画作品中共有 11 名客人，但却只有 3 把餐刀。这是因为当时是由地位较高的人来进行肉品的切割与分配的。在某些文化中，至今还保留着"用餐时由长辈切分肉食"的风俗。

到了 16 世纪，餐桌上逐渐出现了供个人使用的餐刀，但因为当时的餐刀不仅用于切割，还有插取食物的作用，所以餐刀的前端被制成细长的尖利状。据说直到法国国王路易十三在位时期，在宰相黎塞留的命令之下，才制造出像现在这样刀尖为圆弧形的餐刀。

有人说这是因为黎塞留政敌众多，他唯恐宴席之上有人用刀偷袭，故以此举来减弱餐刀的杀伤力。然而真正的原因却是黎塞留认为"用刀尖剔牙"这个在当时十分普遍的行为有碍观瞻。

1669 年，路易十三之后由路易十四继位，他下达了"所有吃饭用的餐刀的刀尖必须制成圆弧形"这一命令。

一度消失的餐勺

继餐刀之后出现在餐桌上的，是喝汤用的餐勺。

虽然晚于石器时代黑曜石制的小刀，但是**在距今大约2万年前的遗迹中发掘出了用木片等材料制成的餐勺状器具**。除此之外，人们还在世界各地的其他遗迹中发现了用贝壳或素陶制成的类似物品。

古埃及的遗址中也出土了许多用象牙、动物骨头或金子制成的餐勺状器具，但其中大部分都是带有手柄的椭圆形小碗。人们推断它们是用来调配化妆品、药品等的器具。

但是到了中世纪，从古代起一直使用的餐勺却在欧洲人的餐桌上消失了。

在14世纪法国国王查理五世的财产目录清单中，金银杯具的数量多达280件，但餐勺却只有66件。据说是**因为餐勺经常被宴会上的客人偷偷带走，所以只好将其放入仓库保管，逐渐不再拿出来使用**。

不过也并非完全不再使用餐勺，像分盛饭菜用的大型餐勺状器具、搅拌大锅里面食物的大勺样器具、量取调料用的量勺等一直有被使用。

直到15世纪开始，餐勺才再次出现在欧洲人的餐桌上。

沉睡于正仓院的椭圆形"匙子"

在餐勺消失于西方餐饮世界的这段时间，日本人普遍使用匙子。人们从日本各地的奈良时代遗址中发掘出了大量与现在的餐勺十分相似的**佐波理匙**。所谓"佐波理",指的是朝鲜半岛的新罗生产的一种铜锌成分的合金。由其制成的佐波理碗同样也从新罗传入日本,在各地的贵族间广为使用。

现藏于日本正仓院的佐波理匙被视为珍宝,其形态格外稀奇。圆形的汤匙和椭圆形的汤匙两个一组叠在一起,每十组捆成一束。它们至今还闪耀着柔和的光芒,崭新如从未使用过一般。

奈良时代以后,兴许是因为日本社会受到筷子文化的影响,筷子成了餐具的主流,日本人开始只把餐勺(匙子)当成药匙或茶匙来使用了。然而,此后又过了大约1200年的时间,日本制造的餐具受到了全世界的瞩目,这得益于日本新泻县的燕市。现今,日本近九成的西餐餐具(餐勺、餐叉、餐刀等)的出口品产自该市。

17世纪初,燕市引进了和钉①的锻造技术,之后开始生产铜器、烟袋的金属烟管以及便携式文具盒。然而,第二次世界大战后,西洋钉大量流入日本,传统的小型物件的锻造行业被迫转型。与此同时,日本国内对于来自英法等国的西餐餐具的需求大增,于是逐渐兴起相关器具的生产制造。

燕市精湛的制造技术(尤其是金属研磨技术)举世

---

① 译注:日本本土制造的传统钉子。

闻名，该市的山崎金属工业所生产的餐具现被用于诺贝尔奖颁奖典礼的晚宴上。

出人意料！历史并不久远的餐叉

一说起西餐，人们就会自然联想到刀叉。高速公路上的休息站就是用刀叉并列的图标来示意的，世界上大多数的地图也都是用这个图标来表示餐厅（就餐处）。

餐叉从 11 世纪开始出现在餐桌上。**在意大利托斯卡纳地区发现的手抄本插画中描绘了餐叉，这便是关于餐叉最早的记录。**尽管此前也存在带有两个或三个叉齿的器具，但都是用作农具、武器（三叉戟）、祭祀用的肉叉 [①] 或卸货用的货叉等的大型工具。

虽然叉子被摆上餐桌始于意大利，但叉子成为餐叉并被广泛使用，却是在出生于意大利佛罗伦萨的凯瑟琳·德·美第奇 1549 年成为法国王妃之后。

当时的法国宫廷尚未形成现在这样的西餐礼仪。餐桌上既没有餐叉也没有餐勺，烤好的肉用刀切成条状后直接用手抓食，喝汤则直接就着盛汤的容器啜饮。于是凯瑟琳王后命人从娘家寄来最新的餐具，并尝试改进烹饪方式。这些举措产生了积极的影响，逐渐孕育出现代法国料理的雏形。

---

① 译注：从煮肉锅中叉肉用的长柄大叉。

到了 17 世纪末，餐叉传到了英国。第一次工业革命之后，贵族阶层开始偏好使用餐叉以彰显与普通市民之间的区别，而他们所喜爱的餐叉从两个叉齿逐渐发展为三齿和四齿，其金属光泽也愈发夺目。

在罗马的遗迹中发现了惊世之物

刚才我们介绍了欧洲的餐刀、餐勺和餐叉的历史，这三种餐具都诞生于公元前，但在公元 4—5 世纪从餐桌上消失，直到 14—15 世纪才又作为个人用具被重新启用。

究其原因，这与曾在欧洲南部扩张势力的罗马帝国被信仰基督教的日耳曼诸国打败有着千丝万缕的联系。

基督教教义中，有"对于神赐予的食物，同样要用神赐予的手指取用"这一说法，因此除了在餐桌上切分食物必需的餐刀外，用餐时不允许使用其他工具。

15 世纪末，在莱奥纳多·达·芬奇所绘的《最后的晚餐》上，也看不到餐具的身影。人们推断，凯瑟琳·德·美第奇引进的餐叉文化之所以会流传下来，是因为东罗马帝国一直延续到了 15 世纪。

近年来，从古罗马的遗迹中发掘出了令人惊叹的器物——形似现代军刀的餐具，据考它制作于公元 201—300 年间。

尽管铁制小刀的部分已经生锈，但是银制的主体部分、小勺、叉子、牙签以及经推测是用来挖取蜗牛肉的尖爪都完好地保留了原貌。

这至今泛着银色光芒的精致餐具，目前陈列在英国的菲茨威廉博物馆中。

虽说历史没有"如果"，但是如果这样的餐具在罗马帝国灭亡后还被继续使用，那么西餐或许会呈现出与现在截然不同的样貌吧。

◎古罗马的多用军刀（现代复制品）

据推断此为古罗马时期的旅行者随身携带的工具。

公元３世纪左右

罗盘

中国人发明的指南针在大航海时代大显身手。

磁铁可以指示南北方位，但却不知人们是何时发现了这一点。公元３世纪的中国已经出现了司南和指南鱼等具有指南针和罗盘功能的辨方工具。可以用来指示方位的罗盘，在远洋航行中不可或缺。公元１３世纪，罗盘在西方国家一经出现，大航海时代便拉开了帷幕。

虽然随着铁制船只的出现，磁罗盘逐渐退出了历史舞台，但是指南针和罗盘为人类认知地球做出了巨大贡献，它让人们明白地球本身是一块巨大的磁铁。如今，日本仍在为磁铁的发展贡献着自己的力量。

人类最先掌握的自然科学是天文学

在人类文明的初期，人们就注意到太阳和星星的移动有着一定的规律。即使身处地表没有任何标识的沙漠之中，人们也懂得通过观测北极星的位置来获知前进的方向。

人们通过研究天体的运行，还可以判定日期、时刻或者方位，并以此来了解农作物的种植时期、影响渔业的潮汐活动以及放牧地点的迁徙等。天文知识在生产生活的方方面面起着重要的作用。由此说人类最先掌握的自然科学是天文学就不足为奇了。

但是，由于气象条件不同，夜里有时也无法看清星星。即便是白天，如果深陷浓雾包裹的森林中，也很容易迷失方向。对猎人和旅行者来说，尚可以等待天气转好再行动，若是军事行动则刻不容缓。

公元前 2500 年左右，中国发明的**指南车**解决了这一问题。清代 (1636—1912 年) 钦定的"二十四史"中的《史记》有如下记载：

> 黄帝（传说在公元前 25 世纪左右在位）在昆仑山时，遭到与之对立的蚩尤进攻来犯。蚩尤虽以幻术制造出浓雾，但黄帝依靠指南车辨明方向，最终取得了胜利。①

---

① 译注：日语原文中的这一段并非出自《史记》，《史记》中关于"黄帝战蚩尤"的记载是："蚩尤作乱，不用帝命。於是黄帝乃徵师诸侯，与蚩尤战於涿鹿之野，遂禽杀蚩尤。"而关于"黄帝利用指南车打败蚩尤"的记录见于西晋时期崔豹的《古今注》："大驾指南车，起黄帝与蚩尤战于涿鹿之野。蚩尤作大雾，兵士皆迷，于是作指南车，以示四方，遂擒蚩尤而即帝位。"类似记载还见于南朝梁沈约的《宋书·舆服志》、宋代刘恕的《通鉴外记》、北宋李昉等人编纂的《太平御览》等书。

尽管这段故事被认为是中国古代的神话传说，但是在公元3世纪左右，真有两位科学家成功地再现了指南车。

目前用来指示南北的工具多利用磁铁，但指南车却并没有利用地磁效应。指南车利用左右两车轮转向时的差动，使车上设置的木人始终指向同一方向（即与出发时相同的方向），属于机械式"活动偶人"的一种。

寻找铁矿时的意外发现？

在公元3世纪的中国，人们铸铁时或许发现，把熔化的赤红色液态铁注入南北方向的细长形铸模中，冷却后便会形成具有微弱磁力的磁铁。又或是人们在探测和开采铁矿时也曾发现天然磁铁的存在。

从公元前208年起至西汉时期，中国出现了表示磁铁的文字"慈石"。慈爱的"慈"，是由母亲将自己的双乳贴近孩子这一充满慈爱的画面演化而来的象形文字。据说正是因为天然磁铁也具有两个磁极（S极和N极），并能以此吸引铁砂，所以人们将其命名为"慈石"。

东汉时期（公元25—220年），人们开始使用**司南**——利用磁铁进行占卜的工具。同一时期还出现了将磁铁嵌入鱼形木块而制成的**指南鱼**。

指南针和罗盘的原型就是在这一时期形成的。

◎司南的构造

中间放置的长柄小勺（莲花瓣状）器物即为司南。它由天然磁铁加工而成，可自由旋转，停转后细长的一端指向南方。

西方的指南针——引路石（loadstone）

公元 13 世纪中叶出版了《事林广记》，这本百科书上有关于司南和指南鱼的记载，但其真伪尚不能确定。虽然也有指南鱼经过丝绸之路传到了欧洲这一说法，但**实际上，东方（中国）和西方（希腊等地中海文明）的指南针在指示方向的意义上大相径庭。**

公元前的中国有"天子面南"这一说法，意指古代的帝王坐北朝南。"指南（司南）"正是由此得名。

而在西方，人们（如放牧的牧童等）时常观测天象，发现北方夜空中的北极星一天甚至一年都岿然不动，于是以北极星为尊。因此，西方的磁铁其实都是用来"指北"的。由此可见，磁铁在东方和西方也许是各自独自发展起来的。

西方人在公元前 10 世纪左右发现了天然磁铁。他们把具有天然磁性的铁矿石称为"引路石（loadstone）"。正如其名称所示，在西方人的认知中，天然磁铁就是能够指引目的地或方位的石头。

据说公元 11 世纪时诞生了早期的罗盘，在地中海上航行的船只都会使用它。到了 13 世纪，人们用铁制造出了磁性更强的磁铁，即便在剧烈摇晃的航行船只中也能稳定使用。由此，远洋航海成为可能，人类迎来了大航海时代。

地球是一块巨大的磁铁！

在西方，一直到中世纪，人们都认为是北极星或者地球最北端的某个由磁铁形成的岛屿，在吸引着磁铁的指针（N 极）。颠覆这一认知的是英国的一名医生兼物理学家——威廉·吉尔伯特。

吉尔伯特在从医的二十年间，一直进行着静电和磁铁方面的研究，他将自己的研究成果汇总整理成了《论磁铁、磁性物体和大磁铁》一书，于 1600 年出版。书中介绍了许多关于磁铁的信息，例如：铁可以被磁铁磁化；

磁铁在受热变红后磁力会消失；磁铁被切割分成小块后，每个小块都会变成具有 N 极和 S 极的新磁铁等。另外，书中还明确提出："**地球本身是一块巨大的磁铁。**"

此后，人们又发现，地球自转轴的两端（地理南极和地理北极）与吸引磁铁的磁极并不一致，并且记录了两者之间的偏角、靠近地球磁极时指南针的指针上下浮动的偏角、磁极的移动情况等，这些都被一一发现并明确缘由。这样一来，航海的精准度又有了新的提升。

而地球之所以成为一块磁铁，或者说，地球之所以有磁性，是因为地球内部的固体核（内核）周围分布着由于高压和高温而呈液态的铁和镍，这些液体金属形成了地球的外核。

在人类诞生以前，候鸟等物种就已经利用地磁效应进行迁徙了。

"罗盘（指南针）"小杂谈

在火星上无法使用的指南针。

未来，人类如果在火星上迷了路，可就有大麻烦了。

火星的直径大约是地球直径的一半，并且它的内核温度较低，因此铁和镍均以固体的形式存在。这样的金属内核不具有流动性，故无法引起发电机效应（形成和维持大规模的磁场），也无法产生地磁场。

在这样的火星上，即便带着指南针，由于没有地磁场，磁针不会偏向某一特定方向。

所幸（是否为幸尚且存疑）的是，由于火星上的大气较为稀薄，甚少形成云层，或许可以利用太阳和星星的位置来辨识方位。

制铁兴盛导致罗盘时代终结

到了 17 世纪，机械化生产能力显著提高，制铁工艺大幅发展，船舶上也开始大量使用铁制品，于是罗盘便无法发挥作用了。这正如指南针在钢筋混凝土的大楼里无法正常工作一样，都是因为周围存在的铁扰乱了地磁场。

1817 年，德国的天文学家约翰·博宁伯格发现"重物在高速旋转时，相对于周围空间，其旋转轴的方向保持不变"。后来人们将这一发现称为**陀螺效应**，并且利用该原理制作出了可以检测物体倾斜及旋转情况的陀螺仪传感器。

自此以后，像指南针一样利用地磁场来辨知方位的装置被称为**磁罗盘**，而利用陀螺效应的装置则被称为陀螺罗盘。在最新型的船舶上安装的方位测定器，虽按传统叫法称为罗盘，实际上却是陀螺罗盘，它可以每隔一定的时间参照 GPS 信号进行方位校准。

现代的船舶和飞机也用陀螺罗盘确认前进方向。因其工作原理与地磁场无关，所以宇宙探测器上也搭载着陀螺罗盘。

此外，现在的智能手机等便携设备都内置有小型的加速度传感器，这种传感器是由陀螺仪传感器派生而来，它能够检测出 GPS 卫星信号无法测出的短距离移动或小幅度倾斜。

围绕"世界最强"展开的竞争

日本过去致力于天文学的发展，又因其航海活动主要以近海为中心，所以几乎没有使用过罗盘。直到江户时代末期，日本才开始有"船用磁铁（罗盘）"的使用记录。另一方面，**尽管陆地上使用的指南针早在奈良时代就由中国传到日本，但是同样没有留下什么使用的痕迹。**

江户末期，测量家伊能忠敬意识到想要绘制出精确的地图就必须提高测量的精确度，于是他尝试改良以往的指南针。他经过反复试验，如利用坚硬耐磨的水晶轴承来支撑磁针等，最终制作出了镶嵌在手杖顶端的手杖罗盘。

在进行测量时，执着于精度的忠敬为了不让指南针受到影响，避忌一切铁制用品。虽然他的身份要求他必须随身携带武士刀，但据说他在测量时只佩戴竹刀。

明治时期以后，随着人们对磁铁性质和原理的进一步了解，出现了制造更强磁性磁铁的研究热潮。

在人造磁铁领域，1917 年，本多光太郎发明了当时世界上磁性最强的磁铁——KS 钢；1931 年，三岛德七发明的 MK 钢刷新了这一记录；很快，1934 年，本多的新型 KS 钢再度占据了"世界最强磁铁"的宝座。

1984 年，住友特殊金属公司（现在的日立金属）的佐川真人发明的**钕磁铁**再一次刷新了世界记录，此后商界的制造水平无出其右。使用钕磁铁的马达体积更小，发电效率更高，信息终端也得以小型化。如今混合动力车辆上的车用马达也在使用钕磁铁。

不仅如此，在 2014 年，日本某研究小组发现了可以用于制造磁铁的新物质，用其制成的磁铁比制造钕磁铁使用的稀土元素更少，但磁性却更强。日本的磁铁研究一直处于世界的前列。

橡胶

公元 6 世纪左右

合成橡胶应运而生。
战争促使研究不断加快，
从橡皮擦发展到轮胎。

在大航海时代，由橡胶树的汁液制成的天然橡胶从中美洲和南美洲传到了欧洲。19 世纪时，人们发现在天然橡胶中加入硫黄可以提升其弹性和耐久性，这项技术的发明大大拓宽了橡胶的用途。

19 世纪 80 年代以后，机动车普遍开始使用橡胶轮胎，这对物流的发展产生了极大的影响。有很长一段时间，东南亚产的天然橡胶占领主导地位，到 19 世纪下半叶，人们开始研究发展以煤炭和石油为原材料的合成橡胶。之后，以第二次世界大战为契机，德国和美国的橡胶生产量大幅增加。

在用于车辆之前就已在天空翱翔？

橡胶与木材、石头和金属等硬质材料不同，它富有弹性，可以自由伸缩。最初发现橡胶的人肯定会惊叹地问：

"这是什么？！"

现在说起橡胶，一般是指以石油为原料制成的**合成橡胶**。但在 20 世纪中期以前，人们常用的橡胶是由植物汁液制成的**天然橡胶**。人们用刀具在形似白桦的橡胶树的树皮上切口，采集从中滴落的白色汁液，然后过滤掉杂质，再经过干燥，这样就得到了天然橡胶。

最早使用橡胶的是生活在盛产橡胶树的中美洲和南美洲的原住民。公元 6 世纪的阿兹特克文明中绘有橡胶制品的壁画便可以证明这一点。1493 年，曾一度到达美洲大陆的哥伦布在第二次航海旅途中发现，中美洲某座岛上的居民会玩一种弹跳性极好的橡胶球。哥伦布将这种特殊材料带回了欧洲。可惜此后的二百多年间，人们只是把它当成一种没有实用价值的稀罕物。

橡胶既不溶于水，也不溶于酒精。直到 1763 年，法国科学家马凯尔和艾立桑发现松节油和乙醚可以溶解橡胶。此后，橡胶的加工技术得到推广，人们生产出用防水胶布制成的雨衣等橡胶制品。

以前人们用面包屑来擦除铅笔的字迹，然而到了 1770 年，英国的自然哲学家普利斯特里偶然发现用一小块橡胶也可以擦去铅笔字迹，于是这样的块状橡胶被命名为具有"擦拭物"含义的"橡皮擦（rubber）"。

1785 年，法国人让橡胶飞上了天空。话虽如此，但实际飞上天空的并不是飞机而是热气球。为了不使气体泄漏，人们在热气球上使用了橡胶涂布。1803 年，世界上第一家橡胶工厂在巴黎诞生，从此橡胶的用途进一步拓展，它被广泛应用于医疗器具的橡胶管、束服用的橡胶带以及防水的橡胶靴等。

伸缩性是橡胶分子的特性

橡胶究竟为何能够自由伸缩并且富有弹性呢？

1829 年，英国科学家迈克尔·法拉第阐明了天然橡胶的化学结构：5 个碳原子和 8 个氢原子组成 1 个异戊二烯分子，即一个结构单元；超过 1000 个这样的结构单元组成细线型的橡胶分子，其构造被称为无规线团；而这些"线团"再杂乱地聚集缠绕在一起就形成了橡胶。

在自然状态下，橡胶分子会如上述一般无序地聚集在一起，但是一旦经过拉伸，橡胶的线型分子又会朝着同一方向有序地排列在一起。像橡胶这类分子具有流动性的物质都会自发向着无序的状态演变，即具有**"熵弹性"**（符合熵增定律），亦即分子要回归原本的无序状态时会发生伸缩。

水在常温下具有流动性，而在低温状态下则会变成固态的冰。与此同理，橡胶分子在极低温状态下也会丧失流动性和伸缩性。如此，橡胶分子具备液体而非固体的特性。但正因如此，**天然橡胶有明显的缺点：温度下**

降会变硬，温度过高会发黏。

然而，1839 年，美国的查尔斯·固特异发现往橡胶中加入硫黄再加热之后，橡胶对温度变化的适应性会增强，且其弹性、耐久性以及防水等的抗渗透性都会明显提高。这个过程被称为"橡胶硫化"。换言之，这种方法是通过硫黄的牵线搭桥将橡胶的线型分子连结成为新的结构。

另外，1898 年成立的美国最大的橡胶轮胎制造商——固特异轮胎橡胶公司就借用了固特异的名字。虽然固特异为橡胶的研发作出过巨大的贡献，但实际上这家公司却与固特异本人并无直接的关系。

橡胶产地从南美洲转移到东南亚

橡胶硫化法的发现使橡胶的加工制造技术得到飞跃式的发展，再加上当时蒸汽机车十分普及，因而全世界对橡胶的需求量大增。不过，在 19 世纪以前，天然橡胶的采集只能依赖南美洲亚马逊平原的野生橡胶树。当地的原住民会采集其所在地方圆 1 平方公里内的数棵橡胶树上的汁液，他们通过这种最原始的方法来生产橡胶，但是只能获得微薄的酬劳。

当时，巴西的马瑙斯等橡胶产地曾经一度经济繁荣，然而野生的橡胶树却由于砍伐过度致使数量大幅减少。而另一方面，与亚马逊平原同属热带气候的东南亚开始尝试栽培橡胶树。

1876年，英国人亨利·威克姆将橡胶树的种子从巴西偷运回英国。于是伦敦的植物园开始利用这些种子培育橡胶树苗，**并且英国人还在其殖民地锡兰岛（斯里兰卡）和马来西亚等地建立了大规模的橡胶农场**。

1905年，从第一棵人工培育出的橡胶树上采制的橡胶被成功售出。自此到二战前，全世界天然橡胶的生产和销售一直都由英国主导。

现在天然橡胶的出口国主要集中在东南亚地区，而反观南美洲亚马逊平原的橡胶产地，虽然昔日曾诞生过诸多橡胶暴发户，但是如今已悉数凋零。

轮胎上的橡胶为什么是黑的？

在现代社会橡胶的用途涉及多个方面，例如电器的绝缘部件、自来水管的衬垫、胶皮软管等，但是最多的还是用作轮胎。实际上，日本生产的橡胶制品中有80%都是橡胶轮胎。

如果汽车的轮胎不用橡胶而用木材或者铁来制作的话，那么汽车经过稍有不平的路面，车内就会发生剧烈的颠簸。倘若如此，人们乘坐起来就会极其不适，而且车辆本身及搭载的货物也会因激烈的震动而遭到损坏，那么汽车应该也就不会成为像今天这么普及的运输工具了。

◎泰国的橡胶树

最高可以长到 30 米左右，树龄达到 5—6 年便可采集其汁液作为制造橡胶的原料。

　　1845 年，英国人发明了充气轮胎，但是由于当时的欧洲尚未普及自行车和使用汽油发动机的汽车，因此这一发明没有立刻得到推广使用。

　　在本书"车轮"这一章节中曾经提到，英国的兽医约翰·博伊德·邓禄普为了儿子，在三轮车上安装了自制的充气式橡胶轮胎，由此乘车的舒适度得到提升，而邓禄普也因为这项发明获得了专利，并且成立了邓禄普轮胎公司。此后仅在数年之间，英国遍地的自行车都开始使用充气式橡胶轮胎。

1889 年，米其林兄弟——安德鲁和爱德华在法国成立了米其林公司，从此用于汽车的橡胶轮胎开始普及。说起轮胎，一般常见的都是黑色轮胎，**这是因为普通轮胎中每 100 克胎面就含有 60 克碳粉末，即碳黑。**

碳黑是由原油提炼过后剩下的煤焦油和沥青制成的。碳黑可以吸附在线型橡胶分子上，使分子之间紧密相连，从而提高橡胶的强度和绝缘性。

以战争为契机研制出的合成橡胶

19 世纪下半叶，合成橡胶的研究不断推进。正如前文所介绍的那样，当时的天然橡胶农场主要集中在东南亚地区的英属殖民地，橡胶市场的绝大部分权利掌握在英国人的手中。因此，德国、俄国等英国的敌对国家格外重视合成橡胶的研究。

人们曾尝试使用各种各样的办法来制作合成橡胶，但要合成出与天然橡胶一样的异戊二烯（烃）却极为困难。俄国科学家谢尔盖·列别捷夫发现了与橡胶十分相似的物质——丁二烯（不饱和烃），它的分子由 4 个碳原子和 6 个氢原子构成的。1910 年，谢尔盖利用丁二烯分子结合生成的聚丁二烯制作出了人造橡胶（即合成橡胶）。

之后，第一次世界大战爆发，与英国互为敌对国家的德国很难获取天然橡胶，于是开始比以往更加积极地推进合成橡胶的研发工作。

纳粹夺取政权后不久，即 1934 年，德国的大型化学工业生产商 IG 法本公司确立了丁苯橡胶的制法，这种橡胶至今仍是合成橡胶中的主流产品。丁苯橡胶的主要原料是煤炭和石灰，它是由丁二烯与苯乙烯（其分子由 8 个碳原子和 8 个氢原子构成）聚合生成的产物。**这种新型的合成橡胶在纳粹时期被大量生产**。

汽车一度爆发式增长的美国过去一直依赖从英国及其殖民地进口天然橡胶。然而 1941 年美国与日本开战后，由于东南亚地区的英属殖民地相继被日本占领，获取天然橡胶变得十分困难，于是美国也正式开始大量生产合成橡胶。

如今，全世界生产的橡胶中有三分之二是合成橡胶。与塑料相同，大部分合成橡胶是由石油经过分级蒸馏后得到的石脑油（又称粗汽油）制成的。

现在的合成橡胶种类繁多，比如耐油性高的聚硫橡胶、耐热性强的氯丁橡胶，以及在低温条件下也不易硬化的硅橡胶等，人们依据它们各自的特性将其应用到不同的领域。

从婴儿使用的奶瓶奶嘴，到运送遗体的灵柩车轮胎，橡胶可谓贯穿了人类从出生到死亡的整个过程。

"橡胶"小杂谈

用于食品原料的橡胶"伙伴"。

英语中"口香糖"与"橡胶"的拼写都是"gum",而且它们的起源也都出自中美洲。当地的原住民会嚼食一种叫做人心果(sapodilla)的植物分泌的树脂块,白人看到后也效仿这一做法,并且又加入了甜味剂和香料,再通过商品化的加工生产制成了口香糖。

还有一种可食用的橡胶"伙伴"是阿拉伯胶。阿拉伯胶的化学组成成分与天然橡胶截然不同,它是一种由原产自北非的阿拉伯胶树的汁液制成的物质,具有良好的水溶性。这种阿拉伯胶现在常被用来制作冰淇淋和药片等。

公元1000年左右

枪

毁灭文明，将大众卷入战争的武器。

公元 1000 年左右，中国大陆诞生了火药武器。公元 15 世纪左右，即文艺复兴时期，从中东传至欧洲的大炮和枪支的制造技术大幅提高。

随着工业革命的发展，人们不断改良枪的射程及命中率，19 世纪时又研发出了连发枪。易于上手操作的枪支普及后，大量的平民百姓被动员成为士兵上场作战，战争形态一再变化。而后，大炮与机关枪的发展进化导致了更大规模的杀戮。

从东方传至西方的火药武器

英语中的"gun"这个单词包含"（个人用）枪"和"大炮"两种意思。实际上早期的枪就是小型化的大炮。

相传，中国大陆从唐朝（公元 7—10 世纪）开始使用火药，而到了公元 1000 年左右，宋朝有一位名叫唐福的人发明出了**火枪**。这种武器利用其竹筒中的火药发射弓箭①，可谓是小型筒形火器的鼻祖。另外，"枪"这个字之后也用来表示现代枪支（如步枪、机关枪等），日语中写作"銃"；而日语中的"拳銃"一词在中文里的意思就是**"手枪"**。

再者，宋王朝（南宋）由于一度受到来自北方的满族和蒙古族的威胁，因此发明出**霹雳炮**与之对抗。这种武器利用投石机发射装在纸质容器里的火药炮弹进行攻击。"炮（砲）"这个字指的就是投石机。

公元 1200 年左右，人们又制作出了火药发射的**火箭**，以及利用火药将装在青铜筒中的炮弹发射出去的大炮。

不久，火药传入与南宋相邻的满族和蒙古族。公元 13 世纪，成吉思汗上位，蒙古帝国的领土逐渐扩大，火药武器也由此传到了欧洲。

在欧洲，公元 7 世纪左右的东罗马帝国就已在使用一种被称为**希腊火药**的武器，但其具体情况尚不明确。其中较有说服力的观点认为，希腊火药并非一种依靠火药的力量来发射炮弹的装置，而是一种类似火焰喷射器的武器。

元朝的军队分别于 1274 年和 1281 年两次入侵日本。

---

① 译注：实际应为发射长枪。

这一时期，元军使用的是一种在陶制容器里装满火药的武器，被称为"铁炮"①。不过据说这种武器不会从筒中发射弹药，而是被拿来直接投向敌军，以其炸裂时发出的巨响来震慑敌方。

文艺复兴时期诞生的早期枪支

到 13 世纪末，人们开始将大炮向小型化方向改良，制成了可供个人随行携带使用的枪。文艺复兴时期，意大利和德国内部小国分立，战争不断。这种形势推动了枪的发展。欧洲人发明了一种名叫"手炮"的武器，它可以利用火药的力量发射其金属筒中的石弹。

这种早期的"枪"，其威力和命中率都较低。随着金属加工技术的发展，人们又制造出了威力更强的金属炮弹。

14 世纪末期，**为了使枪身不再消耗火药的爆发力，人们研制出密闭性能良好的发射装置，使枪的威力进一步提高**。这时的枪没有扳机，需要手里拿着代替导火线的火绳利用火门点火，故射击时十分麻烦，瞄准也比较困难。

15 世纪，枪身上安装了火绳和扳机，点火时先点燃火绳，然后扣动扳机使燃烧的火绳点燃药室中的火药。这就是所谓的火绳枪。

---

① 译注：即火炮。后来日本人据此发明了日式火绳枪，在日语中写作"铁砲"。

当时的枪都是从枪口装入子弹的前膛枪（前装式），枪身的内侧没有沟槽[1]。这类一直被使用到 19 世纪的枪又被称为滑膛枪。

16 世纪，装有轮锁打火装置的簧轮枪和用打火石点火的燧发枪相继诞生。人们还制造出了枪身短小、可用单手射击的手枪。

这一时期，意大利作为地中海的贸易中心，不仅拥有先进的造枪技术，而且在其他所有的技术领域都独占鳌头。据说表示"手枪"的"pistol"一词就是来自意大利的中部城市"皮斯托亚"的名称，这座城市曾经盛行制造各类枪械。此外，当时创立于意大利北部的伯莱塔公司迄今仍是枪械制造商。

枪支改变了战争的形态

枪支首次大显身手是在 15 世纪 20 年代爆发在欧洲的胡斯战争中。这场战争是由批判天主教会的扬·胡斯的支持者们发起的叛乱。虽然胡斯党人（新教的先驱者）大多是不懂作战的农民，但是以枪支作为武装的他们还是给神圣罗马帝国的骑士兵团以沉重的打击。

在某种意义上，枪支带来的变化可谓是**"战争大众化"**。因为剑、长枪和弓箭等武器的使用会受到个人的技能和体力等因素的影响，所以过去战场上的战士都是

---

[1] 译注：即枪管中没有膛线。

武艺高超的骑士或者武士阶层。

然而，使用了火药的枪械可以轻易地击杀敌人，因此即便是不善作战的平民百姓也可以成为士兵。

胡斯战争结束后，宗教改革在欧洲继续推进，天主教与新教两方的支持者间的战争也不断激化。与此同时，大航海时代拉开序幕，欧洲人手持枪械向着亚洲和非洲进发。

1543 年，葡萄牙人将铁炮①带到了日本。此时处于战国时代的日本利用其擅长的金属加工锻造技术制造出了日式火绳枪。

织田信长②大量采用火绳枪，并将被称为"足轻（步卒）"的农民散兵武装成了"铁炮部队"。

与枪支一样，大炮也极大地改变了战争的形态与世界历史的进程。

公元 15—17 世纪，西亚的莫卧儿帝国（印度）、萨法维王朝（波斯第三帝国）以及奥斯曼帝国都是凭借大炮的威力达到各自的全盛时期。

以往刀光剑影的战斗基本都是一对一的作战形式，而使用了火药的大炮则可以一次性击杀多名士兵，并且

---

① 译注：欧式火绳枪。
② 译注：日本战国三英杰之一。

◎胡斯党人的战车

反抗神圣罗马帝国的胡斯党人中有很多捷克人。胡斯党派的指挥官扬·杰士卡将装备有战甲的战斗马车与枪支组合起来，取得了惊人的战绩。

还可以攻击大型的城池。

话虽如此，但不管是收集作为火药材料的硝石硫黄还是铸造金属大炮，大量的资金和设备都是必不可少的。因此，能够拥有大量火药武器的都是颇具实力的王公贵族，因此弱小的国家逐个被强权征服。

美国西进运动时期广为使用的连发枪

法国大革命后，欧洲各国开始采用征兵制来组建"国民军队"，战争的主力已经不再是贵族阶级。与战争形态的变化并行，枪支的制造也相继引入了具有划时代意义的新元素。

首先，金属弹壳被附上了作为引爆装置的雷管，形成了用击铁敲击雷管的发射构造。其次，子弹由以往的球形变成了前端略尖的细长形，而枪支也变成由枪膛后方装入子弹的后膛枪（后装式），同时枪管内部的螺旋状沟槽——膛线（rifling）也开始普及。后膛枪的膛线赋予子弹旋转的能力，使其弹道比以往的枪支更加稳定，子弹出膛后可以笔直地飞行，命中率和有效射击距离均得到大幅提升。这种刻有膛线的枪被称为来复枪。

而连发枪的出现使战争形态进一步变化。此前的单发枪每完成一次射击都要重新装入子弹才能再次进行射击，故而十分麻烦。人们尝试过用各种办法来解决这一问题，比如一个人同时携带多把枪械，或者将几把枪绑在一起使用。

1835 年，美国的技术人员塞缪尔·柯尔特获得了左轮手枪的专利。这种手枪装有一个可以旋转的形似莲藕的圆筒弹巢，上面可以安放数枚子弹。1846 年开始的墨西哥－美利坚战争（美墨战争）使左轮手枪得以普及。左轮手枪成为西进运动时期美国的象征。

此外，从 1861 年爆发的南北战争开始，人们逐渐开始使用在后装式来复枪内加装弹仓的连发枪。美国从西进运动时期开始奉行个人主义，宣扬"自己的生命由自己来保护"，于是廉价枪支被生产大量，这为美国延续至今的枪支社会奠定了基础。

19 世纪末出现了装备有箱型弹匣的自动手枪，它比左轮手枪可以容纳更多的子弹，并且易于进行射击操作。

特别值得一提的是 1900 年由比利时的 FN 公司出售的勃朗宁 M1900 手枪。这款手枪在此后的 10 年间一共售出 50 万支，成为风靡一时的商品。此外，它还是至今仍在使用的柯尔特 M1911 等众多自动手枪的原型。

枪支成为任何人都能使用的屠杀武器

从美国南北战争时期开始，机关枪逐渐得到普及，它能够连续发射大量子弹，成为枪械发展史中不可忽视的存在。

早期的机关枪是将多支枪械捆绑在一起、需要反复进行射击和装弹的格林机关枪（Gatling gun，又译"加特林机关枪"）。经过不断改良，格林机关枪在日俄战争以及第一次世界大战中被大量使用。

在此之前，尽管使用了枪械，但基本上一名步兵一次只能射杀一个敌人。然而，机关枪在扣下扳机的瞬间可以同时发射出数十枚乃至数百枚子弹。**随着机关枪的普及，开始出现集团作战的大规模杀戮战。如此一来，以往即便在战场上也会尊重对手名誉的骑士精神彻底丧**

失了。

第二次世界大战以后，苏联研发出了卡拉什尼科夫自动步枪（AK47）。这款步枪的部件较少，构造简单，因此适合批量生产。并且它易于维护，故障又少，使用起来十分方便。

价格低廉且又易于操作的AK47逐渐被推广至亚非等地的战乱区域，即使一场战争得到平息，但是一旦聚集了大量的AK47，又会为新的战争或恐怖行动埋下隐患。

或许如今恐怖行动和游击战争接连不断正是"战争大众化"导致的恶果。

◎第一次世界大战中使用的机关枪

第一次世界大战中德军的地面部队装备的"MG08重机枪"。

火箭

公元 10—12 世纪

后来成为飞向宇宙的科学成果，诞生之初是含有火药的武器。

相传由古代中国人发明的火箭，到了中国的元朝时期，成为各地广泛使用的武器。虽然在日本，火箭是作为烽火和祭祀用途传承下来的，但是从蒙古到印度，甚至 19 世纪传入英国之后，火箭均是被用作攻打远距离目标的武器。

近年来，随着科学技术的发展，人们开始乘坐以液体为燃料的火箭进行宇宙旅行。与此同时，火箭却再一次因其武器身份而受到全球的关注，核导弹成为人类新的威胁。和平使用火箭的梦想是否能够实现？

出现在美国国歌中的火箭

1931 年 3 月 3 日，《星条旗》被定为美利坚合众国的国歌，仔细注意歌词就会发现有这样一句：

"And the rockets' red glare, the bombs bursting in air."

这句歌词翻译过来的意思就是："火箭闪烁红光，炸弹轰隆作响。"

国歌中出现"火箭"这一点倒是十分契合曾凭借阿波罗计划到达月球的美国。不过，**歌曲中的火箭指的却是作词时美国的敌对国——英国的火箭。**

《星条旗》的歌词创作于 1814 年 9 月 14 日，正值 1812 年开始的英美战争①的激烈交火时期。词作者美国人弗朗西斯·斯科特·基曾参与在英国军舰上举行的以交换战俘为目的的谈判。由于保密的原因，他不得不默默目睹着英国的军舰攻打自己母国的要塞。看着星条旗随风飘扬在受到猛烈攻击的要塞上，他在一张信纸的背面感慨地写下了《保卫麦克亨利堡》这首诗歌。

这里的"火箭"指的是从英国的军舰上发射的**康格里夫火箭**，所谓的"红光"是指火箭发射时固体燃料燃烧产生的特殊喷射火焰。

1801 年，英军参照过去印度军队使用的火箭研发出了康格里夫火箭。它曾出现在拿破仑战争（1803—1815）中并立下战功。此后，它还被用来向遇难船只运送救援用绳。

---

① 译注：指美国第二次独立战争。

◎康格里夫火箭示意图

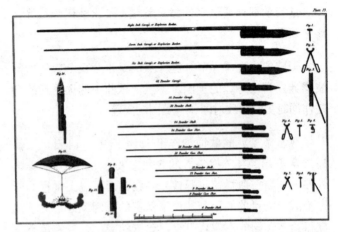

为了使装有推进火药和弹药的发射筒具有导向性，人们在上面绑定了长竹竿。

日本传统的"火箭节"

在日本，有燃放大型火箭焰火的节日，而这种焰火形似康格里夫火箭。其中埼玉县秩父市的传统活动——**龙势祭**颇为著名。这项活动于每年的 10 月份举行，节日中人们要发射三十多支手工制作的火箭，这种火箭被称为"龙势"。

先将松木打通成中空的木筒，再往里装黑火药，之后绑到长竹竿上就制成了"龙势"。点火后，木筒的下方会喷射出火焰和白烟，而龙势则飞向空中，最高可飞至约 500 米的高空，随后内部的装置开始工作。

据说龙势的原型可以追溯到日本镰仓时代文永之役（1274 年）中中国元朝军队所使用的武器。

日本至今仍保留着战国时代 ① 作为各地紧急联络使用的发射式烽火台，经过改良如今被用于祈求农作物丰收的祭神或祭祀活动。

除了龙势祭，在日本静冈县的静冈市和藤枝市，以及滋贺县的米原市和甲贺市也有类似的节日。人们用竹子、木头和黑火药制成手工火箭，在节日当天发射。

此外，日本以外的东南亚地区（泰国东北部和老挝）也存在类似的活动。与日本相同，他们也将火箭一边喷烟一边升空的姿态意化为"龙"，而在东南亚的文化里这种活动带有祈雨的意味。

借助竹竿与黑火药的力量冲上天空的火箭

不论是作为康格里夫火箭原型的印度火箭，还是更加原始的火箭，它们传入日本和东南亚都是有原因的。这是因为中国人早在中世纪就发明了早期的火箭，那种火箭使用了固体燃料，还运用了长竹竿来确保飞行的稳定性。

公元 6—7 世纪，中国发明了黑火药。公元 14 世纪，

---

① 译注：指 1467—1615 年。

在中国的战术论著中出现了火矢、火箭、大炮等使用火药的兵器。日本的龙势就是源于中国元朝的军队，由此我们可以推知，**火箭也诞生在公元 10—12 世纪的中国**。

关于中国和火箭、龙势与求雨，这些年有新的逸闻。在最近十几年里，中国内陆地区的沙漠化现象不断加剧，缺水状况日益严重。为此，中国利用火箭进行了全世界最大规模的人工降雨。

此外还有传闻，为了确保 2008 年北京奥运会的开幕式当天不下雨，人们曾试图驱散飘往北京方向的积雨云。为了使北京提前降雨，人们一共发射了 1104 枚搭载人工降雨物质（碘化银）的小型火箭。尽管效果如何并不清楚，但北京奥运会开幕式那天的天气是晴朗的。

降雨需要细小的水滴紧密地聚合到一起并形成一定大小的云朵。在此过程中如果有起到凝结核心作用的微尘（凝结核），那么水滴就会容易聚集变大。碘化银就最适合作为凝结核。

使用黑火药的龙势（早期的火箭）发射以后，产生大量的烟雾，其中的微尘便成了凝结核，进而催生了降雨。如今，东南亚地区仍会发射祈雨用的火箭，现在看起来十分合情合理。

始于科幻小说的近代火箭

法国小说家儒勒·凡尔纳分别于 1865 年和 1870 年发表了《从地球到月球》和《环绕月球》两篇小说，被合称为《月界旅行》，讲述了主人公利用巨型大炮发射的载人炮弹前往月球，绕月飞行一周后又返回地球的故事。

1898 年，英国作家赫伯特·乔治·威尔斯的长篇小说《星际战争》出版。书中讲述了火星人从火星出发，搭乘火箭状的宇宙飞船前往地球并发动进攻，但几天后却被地球上的微生物感染而灭亡的故事。

不论哪个故事都是作者基于当时的科学知识杜撰出来的，因此它们可以说是当今科幻小说的鼻祖。**有两位对近代火箭的开发做出重要贡献的人物，就是从小读了这些小说，然后对宇宙产生了强烈的憧憬。**

其中一位是读过《月界旅行》的奥地利人[①]赫尔曼·奥伯特，另一位是读过《星际战争》的美国人罗伯特·戈达德。

他们二人虽然远隔万里，而且从无交集，却几乎在同一时期分别独自提出了用液体燃料作为宇宙火箭推进力的构想。

[①] 译注：实际应为德国人。

特别是掌握丰富工学知识与技能的戈达德，他于1926年独自研发出世界上第一枚使用液体燃料的火箭，并且试验发射成功。

另一方面，奥伯特遇到了在近代火箭的发展中决不容忽视的另一位人物——德国的沃纳·冯·布劳恩。

奥伯特绘制的火箭断面图与后来的V-2火箭一模一样，极具预见性。

作为战争武器不断进化

冯·布劳恩上大学时，德国元首是阿道夫·希特勒，德国的军事力量开始壮大。布劳恩得到德国国防部的支持，积极推进研发使用液体燃料（酒精和液态氧）的火箭。

当时的火箭以喷射得更高、飞行得更远为目的，因此在试验机阶段并没有装载弹药等物品。不久，火箭就只被允许作为军事装备进行研发，有关实验相继进行。在此之前，冯·布劳恩等人组成的研发团队成功发射了飞行高度超过2.4千米的液体火箭。

正是在同一时期，纳粹党夺取了德国的政权，第二次世界大战爆发。火箭由最初的形态逐渐被研制成导弹武器。

"阿格里加特"系列火箭中的阿格里加特4型（A-4）在其第3次试验中发射成功，它所达到的最高高度超过了 100 千米，并于发射地前方 192 千米处坠落。1942 年 10 月 3 日这一天，人造物体首次到达宇宙空间，同时也是弹道导弹制作完成的日子。

A-4 火箭搭载上约 1 吨重的弹药就成了复仇武器——V-2 火箭[①]。德军从 1944 年开始使用这种武器发起攻击，分别向比利时安特卫普和英国伦敦发射了 1610 枚和 1358 枚导弹。

二战末期的 V-2 火箭，最远发射距离可达 320 千米（高度可达 88 千米），垂直发射时的最高高度达到 206 千米。如果将搭载的弹药替换成人造卫星，那么足够具有将其发射到宇宙空间的能力。

顺便一提，在 V-2 火箭即将完成时，冯·布莱恩被纳粹党卫队和盖世太保以所谓的叛国罪名义逮捕了，原因是他"在导弹武器的研发前优先研发了环绕地球轨道运行以及飞往月球的火箭"。后来希特勒出面周旋，冯·布劳恩才获得释放。

1945 年，德国战败的形势愈发明显，冯·布劳恩带领 500 名 V-2 火箭的研发人员逃往美国。逃亡途中，他曾一度沦为苏联的俘虏。但历经种种波折后，最终冯·布劳恩和 126 名技术人员被移送到美国德克萨斯州的陆军基地，在那里继续进行研究。终于，美国也开始了借助火箭进行的宇宙开发。

_____

① 译注：实指 V-2 导弹。

"火箭"的关键人物

即使将灵魂出卖给恶魔，也想去宇宙看看。

冯·布劳恩从小就喜欢把玩望远镜，对天文和宇宙充满了兴趣。他读了奥伯特写的论文《飞往星际空间的火箭》后，开始埋头研发宇宙火箭。

布劳恩不希望火箭被当作武器使用，得知V–2火箭向伦敦投掷导弹后，他说："我们的火箭表现很出色，只是它在一个完全错误的星球上着陆了。"

后来他辩解道："我认为若是为了前往宇宙，即使将灵魂出卖给恶魔也没关系。"

沃纳·冯·布劳恩
（1912—1977）

通往月球的载人飞行——阿波罗计划

冯·布劳恩逃亡到美国后，美国利用 V–2 火箭的技术制造出作为武器使用的"红石式运载火箭"①。但是，冯·布劳恩仍没有放弃"和平利用火箭"的梦想，他提出了宇宙空间站及探月的构想。1958 年，由红石式运载火箭改良而成的"丘比特 C"运载火箭成功发射了世界上第二颗人造卫星——"探险者 1 号"。

此后，美国国家航空航天局（NASA）成立。1961年，约翰·F·肯尼迪就任美国总统。他发表演讲声称"在 20 世纪 60 年代结束前将人类送上月球"。不久，阿波罗计划开始实施。

---

① 译注：实指红石导弹。

尽管此前美国的水星计划（环绕地球轨道的载人飞行）取得了成功，但美国在人造卫星发射方面落后苏联，其后载人飞行方面又是苏联的尤里·加加林拔得头筹，因此"阿波罗计划"成为一项赌上了美国威信的国家事业。

1969 年 7 月 20 日，由冯·布劳恩主导研发的土星 5 号运载火箭所发射的阿波罗 11 号成功登陆月球。

◎阿波罗 11 号探月的场景

1969 年 7 月 20 日。图片右侧可以看到登月船。图为船长尼尔·阿姆斯特朗拍摄的宇航员奥尔德林放置月震计的场景。

◎世界上主要的火箭（卫星发射用）

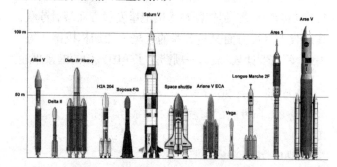

除中间的土星 5 号运载火箭和宇宙飞船外，其余都是正在使用或者计划使用的火箭。阿波罗计划所使用的土星 5 号运载火箭格外巨大。

日本独特的火箭研发路线

与世界上其他国家不同，日本以其独特的路线进行着火箭研发。二战后，由糸川英夫主持的铅笔火箭的研究率先进行，确定了运用与欧美不同的**固体燃料火箭**研发技术。从铅笔火箭（长 23 厘米）到婴儿火箭（长 1.2 米），日本的火箭呈阶段式大型化发展。1960 年，卡帕火箭 8 号（长 10.9 米）成功到达宇宙空间。1970 年，拉姆达 4S 火箭发射了日本第一颗人造卫星——"大隅号"。

几乎是在同一时期，日本宇宙开发事业团成立，利用美国德尔塔火箭的技术研发液体燃料式 N-1 火箭。在 N-2 火箭开发完成之后，日本将火箭的制造技术转向国内，进一步开发出了液体燃料式的 H-1 和 H-2 型火箭。

现在，日本使用液体燃料式的 H-2A 和 H-2B 型火箭发射大型人造卫星和宇宙探测器，使用低成本的固体燃料式的艾普斯龙火箭发射小型人造卫星。

此外，日本还计划于 2020 年发射全长 63 米的迄今为止最大级别的新型基干火箭的试验机。

与一直以来以大型化为目标的火箭研发方向不同，以北海道为据点的两个研究小组正在以各自的方式研发小型火箭。

没有火箭也就没有人造卫星。人们将无法利用气象卫星和地球观测卫星预测自然灾害，也无法使用 GPS 进行地面测量，更没有探索宇宙奥秘的探测器和宇宙望远镜，进而也就无法实现宇宙空间的国际合作。

"火箭"小杂谈

以北海道为研发基地制造出的民间小型火箭。

◆ CAMUI 火箭

以北海道宇宙科学技术创成中心（HASTIC）为基地，由大学或民营企业推进研发。这种利用聚乙烯固体燃料和液态氧的混合动力式火箭，使降低燃料费用成本变为可能。

已成功发射推力为 500kgf 量级的火箭。

◆ 夏日火箭团

一个由爱好火箭的志愿者组成的火箭研发小组。

SNS 股份公司与星际科技公司（Interstellar Technologies Inc.）合力开发出用于发射小型卫星的液体燃料式小型火箭。

目前，团队正在研发推力为 1000kgf 量级的发动机。

眼镜

为矫正老花眼而诞生。
博学的象征。

公元 13 世纪下半叶

将透明的矿石打磨成薄片就可以制成放大镜等的镜片，现代科学家对这类事情早已轻车熟路。但在过去，即使有了透明的玻璃，人们也未能将其制成镜片。当时的认知是人上了年纪之后视力变差是神明给予的考验，因此就算看不清楚也是无可奈何的事。

后来，两名伊斯兰的科学家阐明了透镜的光学特性。13 世纪末期，眼镜在意大利诞生了。一时间老花镜成为当时知识分子喜爱配戴之物，不知不觉眼镜就成了博学的象征。

服装配饰还是普通镜片？

眼镜是现代人不可或缺的物品之一，除了用于矫正裸眼视力，还被当成随身配戴的装饰品。眼镜对某些人来说是生活的必需品，而对另一些人来说则是随性的配饰，它时而能起到保护眼睛的作用，时而又成为一种造型展示。

事实上，很少有人把眼镜当成一件多功能的工具，因此说眼镜是一种工具有些牵强。

举个例子，若是为了治疗或控制眼部的伤病去眼科医生那里接受诊断，医生可能会把"戴眼镜"作为处方，即使这个"眼镜"指的是墨镜，由此购买眼镜（墨镜）所花的钱在某些国家可算作医疗费用。与此同时，近视或老年性远视用的眼镜却不会被视为治病的处方，所以也就不属于医疗费用的范畴。

虽然眼镜是随身配戴的物品，但是却没有建立起有关品质保障与事故补偿等的相关制度，其质量及事故赔偿标准全凭制造商自己的品质管理制度和消费者自身的判断。正因如此，眼镜行业的准入门槛偏低，市场上容易充斥良莠不齐的眼镜商品。

回顾历史就会发现，眼镜的诞生时间尚无定论。**公元前2500年，美索不达米亚地区出现了人造玻璃**，但当时玻璃的透明程度不足以使其作为镜片使用。

此外，据说公元前8世纪古埃及的圣书体（象形文字）中有表述"用玻璃制成的镜片"含义的文字。另外，还有人认为眼镜诞生于公元前5世纪。

现存的古代镜片

说起用透明的矿物加工制成的镜片，1853 年发现的**尼姆鲁德透镜**最值得一提。尼姆鲁德透镜是一块直径为 3—4 厘米的椭圆形透明薄板，出土于公元前 7 世纪的亚述（现伊拉克）古城遗址。这块无色透明的天然水晶被加工成薄板的形状，仔细观察就会发现它是一枚焦距为 11 厘米的凸透镜。它到今天仍可作为放大倍率为 3 倍的小型放大镜使用。

关于尼姆鲁德透镜的用途，从发现之初人们就议论纷纷。有人说尽管它的精度较低，但是足以聚集太阳光，因此是用来生火的工具；也有人说它是亚述的工匠在制作小型雕塑时使用的放大镜。它的焦距为 11 厘米，若将其换算成表示眼镜镜片矫正程度的数值（即屈光度，单位是度数或 D），则相当于高度远视镜的 +9.5 度（D），这对于日常使用的眼镜来说是非常高的度数了。

关于尼姆鲁德透镜的真实身份，最有说服力的观点是认为它仅是装饰品的一部分。因为人们在镜片的附近还挖掘出了玻璃珠、象牙和木材的碎片。由此推测，它可能是镶嵌工艺品的一部分，变成镜片只是一个偶然。

相传公元 1 世纪，小塞涅卡（吕齐乌斯·安涅·塞涅卡）曾任罗马帝国第五任皇帝尼禄的家庭教师，他在自己的著书中记载了这样的话："往球形玻璃器皿或圆筒形玻

◎尼姆鲁德透镜

公元前 7 世纪左右制成的镜片状水晶片。现陈列在大英博物馆中。

璃中注满水而制成放大镜。"

吹制玻璃的技术在当时的罗马已日趋成熟，透明的玻璃受到欢迎，不过现代人并没有发现罗马人将玻璃作为镜片来使用的痕迹。真正有确凿证据证明眼镜的发明，出现在罗马帝国消亡一千年之后。

知晓光学原理的伊斯兰科学家

公元 8—9 世纪，迈向现代科学的科学研究在世界各地逐渐兴起。当时，地中海地区盛极一时的东罗马帝国日薄西山，伊斯兰国家的势力开始扩张。伊斯兰国家对知识和学问的追求促进了科学的发展。

从现在的西班牙到非洲北部，还有埃及、土耳其、阿拉伯半岛、伊朗和巴基斯坦的广大区域都曾经是倭马亚王朝以及之后的阿拔斯王朝的势力范围。当时，在这些地方出现了很多卓越的科学家。

其中一位就是因尝试利用滑翔机进行飞行而被世人所知的阿拔斯·伊本·弗纳斯。据说，弗纳斯在炼金术、外科医学、物理学、天文学、工程学、音乐以及诗歌等众多领域都颇有建树。就是他曾将无色透明的玻璃塑成半球体并对其进行打磨，最终制作出了**"阅读石"**（reading stone）。

"阅读石"就是现在所说的放大镜，通常它被认为是用来辅助老花眼看清楚较小的文字。借助镜片来矫正视力的放大镜由此诞生。

另一位重要人物是奠定了现代光学基础的伊本·阿里·海赛姆。海赛姆的出生地位于现在的伊拉克地区，他也是一位擅长数学、天文学、物理学、医学、哲学以及音乐的天才。海赛姆进行过大量关于光的折射和反射等方面的研究和实验，被后世誉为**"光学之父"**。

在公元 1015 年至 1021 年期间，海赛姆用阿拉伯语撰写的《光学之书》（全 7 卷）一书获得了很高的评价。公元 12—13 世纪，此书被译成拉丁语版的《光学知识宝典》，随后逐渐在欧洲各国传播。

这本书阐述了人类眼球的结构以及外界光线传入人眼后的成像原理。此外，书中还记载了如何利用光的折射与反射原理测定地球大气层厚度的方法。《光学之书》对天文学也产生了极大的影响。据说，后世发现望远镜和显微镜的原理也得益于此书。

◎《光学之书》（1572年发行）的封面

左上角描绘了彩虹以及利用大桥来体现视觉的远近；右侧展现了人们利用凹面镜聚集并反射太阳光来攻击军舰的景象；下方呈现了人在水中的腿部因为折射而看上去发生弯曲的现象，以及镜面反射等信息。

公元 13 世纪下半叶，此书的拉丁语版广为传播，同一时期意大利人发明出了用于矫正近视和远视的眼镜。

"戴在身上"的眼镜

"眼镜的发明者是谁"这一话题众说纷纭，目前尚无定论。主流意见是在公元 1280—1300 年间，由意大利人发明了眼镜。**当时眼镜主要是老花眼（老年性远视）的矫正工具，使用者多为修道士。**

从那时起，眼镜逐渐成为年事虽高却依然读书写字的知识分子的象征。当时的绘画作品中出现的眼镜多被描绘成一种装饰品，而非矫正视力的工具。

还有一种说法认为眼镜起源于公元 960 至 1279 年间的中国宋代，但是证明这种说法的书籍后来被证实是后人杜撰而成。在中国的古籍中，眼镜出现于 15 世纪，并记载"是从外国商人那里高价购得"。倘若在此之前中国就已存在眼镜的话，那么应该会在本国发展相关制造技术吧。

公元 1300 年，眼镜在意大利流行起来，涌现出一大批眼镜工匠。1445 年左右，古腾堡发明的活字印刷术不经意间推动了眼镜（老花眼镜）的普及。因为活字的使用使精密印刷成为可能，出版了大量印有细小文字的书籍。

眼镜解决了知识分子苦恼的老花眼问题。当时的眼镜是用木头、动物骨头或金属框架连接2枚镜片组成的，而且需手持使用。

公元611年，因研究望远镜和天体物理学而闻名的德国人约翰尼斯·开普勒发表了著名著作《折射光学》。之后，人们才开始制作用于矫正近视的凹透镜式眼镜。近视眼镜逐渐普及开来，还诞生了现在常见的挂耳式眼镜。

沙勿略将眼镜带到日本

最早将眼镜带到日本的是传教士方济各·沙勿略。

公元1549年，沙勿略来到日本。翌年，他拜见了周防（现山口县）的守护大名①大内义隆，并将眼镜、座钟和步枪一齐献上。

此后，日本各地逐渐开始模仿舶来品进行镜片及眼镜的制造。有趣的是，据说是**日本人发明出了眼镜的鼻垫**。这是因为与西方人相比，日本人的脸部轮廓较浅、鼻梁较塌，若戴上使用细绳的挂耳式眼镜，眼睫毛会碰到镜片，感觉很不舒服。

另外，在日本还形成了"与上级或长辈会面时不能戴眼镜"这样的风俗习惯。这是因为在上级或长辈面前配戴象征博学的眼镜是不礼貌的表现。

---

① 译注：古代日本对封建领主的称呼。

　　说起日本的眼镜产地，最有名的便是福井县的鲭江市。在日本，人们使用的眼镜镜框有九成产自此地，该市在全世界的眼镜市场中也占据着 20% 的份额。

　　据说鲭江市的眼镜制造始于 1905 年，当时为了发展当地冬天雪季时的副业，增永五左卫门开始从大阪招募眼镜工匠。之后，鲭江眼镜的生产规模不断扩大，到了 20 世纪 80 年代，该市率先在世界上批量生产使用了钛金属的眼镜框架，成功扩大了其在视界眼镜市场的份额。

公元 13 世纪末

海图（地图）

在没有标识的远洋航行时，唯一可以依靠的工具。

　　古希腊罗马时期的地理学家为了探索世界而绘制出了地图。地图的制作曾一度中断，直至 13 世纪末才又作为航海专用的海图得以复兴。但是当时的海图只是将肉眼能够看到的海岸线连接起来，并不十分准确。这是因为在制作地图时，为了测量土地，还需要能够准确记录时间的钟表。

　　为什么哥伦布用了错误的海图依旧能够到达美洲大陆？在大航海时代，那些较晚发展起来的国家又是如何称霸世界的？

　　海图和地图的起源迷雾重重。

从港口位置开始绘制方位线的海图

　　现代船舶利用各种电子技术为自身保驾护航，例如即使在大海上航行也能瞬间探知方位的 GPS、测定水面至海底深度的声纳和鱼群探测器，以及在浓浓的海雾中也可以探测到前方岛屿轮廓的雷达等。**而在没有这些设备的时代，能够依靠的就只有航海者的眼睛和海图（即海洋的地图）了。**

由于海上没有任何标识（地标），为了能够安全地航行，航海者除了能目测到的海岸线形状以及岛屿等信息外，还需要了解水深、海下礁石方位、灯塔、航标和水路等情况，而将这些信息详细记录下来的地图就是海图。

在陆地上可以边看地标边移动，但若在茫茫大海中，**没有罗盘确定方位就无法知晓船只的前进方向。**早期的海图详细地绘制了始于各个港口的方位线。找到从所在地到目的地的方位线，沿此方位前进即可到达目的地。

现存最古老的海图是罗盘海图，那是在用罗盘指引方向的航海过程中绘制出来的。这种海图在意大利、西班牙和葡萄牙等国都有绘制。13 世纪，罗盘在地中海沿岸十分普及，因此这种海图得到广泛使用。现在一般为人所知的罗盘海图是**波特兰海图。**"波特兰"在意大利语中是"与港口相关"的意思。

无法用于远洋航海的早期海图

一直到大航海时代初期，波特兰海图都是被广泛使

◎波特兰海图

Carte Pisane
c. (1258 - 1291)
1045 mm x 502 mm
Paris, Bibliothèque Nationale

以意大利的比萨为出发点，现存最古老的波特兰海图。欧洲部分被绘制得十分扭曲。

用的，但它存在几个缺点。首先，它是当时的航海者通过观察而绘制，尽管海岸线的形状等绘制得当，但却无法表明内陆部分的情况。

其次，因为波特兰海图巨细靡遗地绘制出错综复杂的港湾，导致图示比实际面积大出很多。

波特兰海图最大的问题出在各地间的东西距离上。利用北极星的高度差能够比较准确地求得各个港口的南北纬度，但东西经度，在没有精准钟表的年代就只能根据日出星现的时间大致估算，无法准确测量。另外，各港口间的距离是根据航行所需的时间计算得出。在某些地区，季节的不同会引发风向及洋流的巨大变化，因此**需要依据季节或航行的往返不同而使用不同的海图。**

仔细观察波特兰海图就会发现，地中海沿岸呈现出十分扭曲的形状。意大利半岛的形状较为粗大，而伊比利亚半岛以北则又变得十分细长。

虽然利用这份海图可以在看得见海岸线的海域内航行，但若要出海远航就比较困难了。

尽管如此，当时的航海者凭借这份海图驶出了直布罗陀海峡，并且环绕非洲一圈，最终到达了日本。

密克罗尼西亚人用贝壳制作的海图

密克罗尼西亚联邦的东部有一个马绍尔群岛，其方圆 500 公里的海域内坐落着拉塔克群岛和拉利克群岛，并且存在数量众多的环状珊瑚礁。16 世纪，西班牙人发现并占领了马绍尔群岛，而在此之前是密克罗尼西亚人居住于此。

密克罗尼西亚人不仅掌握渔业技术，而且擅长出海航行，能够借助支架形式的独木舟往来于诸岛之间。他们谙熟自己所居住的各个岛屿的位置与其间的距离，并且使用了一种叫做**"树枝海图"**（stick chart）的独特海图。

将代表不同岛屿的贝壳用横向、竖向或斜向摆放的若干根椰树枝串连起来，就制成了树枝海图。据说每个树枝都代表了特定的洋流方向和海浪起伏等。有了它，即便没有罗盘也可以知道前进的方向。

尽管无法确知开始使用这种树枝海图的时间，但可以确定的是，早在 18 世纪初它就已经存在了。

古希腊的高精度地图

公元前 3 世纪左右，在埃及活跃着一个希腊人的身影，他叫埃拉托色尼，是一位精通数学、天文以及地理的学者。古希腊人认为地球是球体，埃拉托色尼因为求算出了地球的实际大小而为后人所知。

埃拉托色尼尽可能准确地测量出同一经度不同纬度上两点间的距离，并且同时测定这两点地物阴影的长度，再通过它们的长度差计算出地球的周长。

虽然这样得出的结果比现在所知的地球周长大了约17%，但就当时的技术而言，能在这样的误差范围内得出结论已经十分惊人了。

公元前2世纪初，古希腊的天文学家希帕克斯确立了经度（经线）和纬度（纬线）的概念。后来，集天动学说于大成的古罗马天文学家托勒密，以当时的游客和商人的见闻为基础，绘制了等间距的经纬线，进而制作出更加精确的地图。

托勒密根据从游客那里听闻的旅途所花费的天数等信息制作出了从中东到亚洲的地图。其中关于欧洲的部分是十分准确的。如下图所示的地图，它出现的时间要比波特兰海图还早一千多年。

然而，随着古希腊和古罗马的灭亡，当时那些与地理相关的先进理念也一并消失了。紧接着基督教兴盛起来，在其教义影响下单一化的世界观开始普及。

"地球是圆的"这一概念也在不知不觉中被废弃，大地被描绘成一个漂浮在圆盘形海洋上的平面。

哥伦布的执着

15世纪初，**随着托勒密的地图被发现，地圆学说再次成为权威，地图以经纬度来表示位置，地球仪也应运**

◎托勒密的地图

这幅地图并非托勒密亲自所绘，而是后人根据其著作《地理学》一书绘制而成的。

而生。

到了大航海时代，西班牙和葡萄牙为了维护通往大陆的航线以及本国利益，将一直以来使用的海图作为机密保护起来。后来，较晚发展起来的英国和荷兰开始着力研制海图。

这期间，"哥伦布发现大西洋新航线"的事发缘由颇为有趣。因为哥伦布不知道从欧洲到亚洲东部的准确距离，加之还有困难的陆路行程，导致规划行程时将目的地亚洲的位置比实际往东多估算了 15000 公里。

由此哥伦布坚定地认为：与其特地沿着非洲大陆航行到好望角，再沿东进航线横穿印度洋前往日本，不如沿着以西班牙为起点的西进航线前行 4300 公里，即可直达日本。事实上，哥伦布生前一直认定他所到达的中南美地区是亚洲的一部分。

由于当时尚未发现测量经度的方法，因此使用的海图还是罗盘海图。对于相隔较远的两处地点，可以利用在世界上任何地方都能够观测到的天文现象来校准时间。

人们起初试图利用日食和月食来校准时间，但这种方法并未得到推广。1650 年左右，欧洲的天文学家开始使用伽利略·伽利雷倡导的利用木星的卫星食来校对时间的方法；1679 年，这种方法与三角测量结合起来；到17 世纪末，人们计算出了欧洲各地的经纬度。如此一来，误差小于 1% 的高精度地图就诞生了。

经线仪诞生

在远洋航行中为了测知经度，需要既能不受航行颠簸影响、又能随时精确显示时间的船舶用钟表——**经线仪**。经线仪是英国的钟表匠约翰·哈里森在 18 世纪中叶发明的。

英国海军军官詹姆斯·库克（库克船长）就曾利用经线仪，测绘出精确的地图。库克于 1767 年绘制的加拿大东海岸的纽芬兰岛地图（实际是海图）十分精确，即使与现在的地图相比也毫不逊色。

现在，根据人造卫星和航天飞机所拍摄的地形图像，即使不用测量也能够绘制出精细的地图。但是，仅凭空中观测却无法得知海面下的浅滩等情况。

在当今国际社会，公开海图已经成为半义务的行为，但有些国家仍将军港周围的详细海图作为军事机密，不对外公开。

◎**地图投影及其特点**

投影	特点
摩尔魏特投影	19 世纪，德国人摩尔魏特的设计方案。正确显示出极地的地形与面积。应用于气温分布图等。

投影	特点
墨卡托投影	16世纪，墨卡托的设计方案。将地球上的图形投影到圆柱体上的投影法，能正确显示出与经纬线之间的角度。应用于航海等。
正轴方位投影	正确显示出与中心的位置关系和距离。应用于勘察飞机的飞行路线和最短距离。

公元 1445 年左右

活字印刷术

符合拉丁字母的特点。
为推动宗教改革做出贡献。

　　现在普遍认为近代使用铅字排版的活字印刷术是德国人古腾堡在 1445 年左右发明的。凭借这项技术，路德的著作得以在欧洲广泛传播，进而引发了社会变革。

　　虽说古腾堡的发明不过是运用和改良了中国发明的印刷术和活字制法等，但是他的技术很好地适应了拉丁字母的特点。如今，电子排版成为主流，只有少部分人还在使用活字印刷。

印刷的原型是中国的石碑

　　作为活字印刷术的发明者，最广为人知的是德国的黄金饰品工匠约翰·古腾堡。1445 年前后，**古腾堡发明了使用金属活字的印刷术**，这对欧洲文艺复兴产生了极大影响。活字印刷术、指南针和火药并称为文艺复兴时期的三大发明。

印刷术最早出现在东汉时期（公元25—220年）的中国，那一时期中国人还发明了造纸技术。中国大陆在古腾堡的发明出现前约400年就有使用活泥字印刷的记载。13世纪时，朝鲜半岛开始使用金属活字进行印刷。

最早，印刷的原型来自东汉时期制作的石经及其拓本。所谓石经，是指刻有儒教、道教和佛教等宗教经文的石碑，而将这些石经拓印到纸上即成为拓本。

特别是儒教的石经，其正确传播被当做一项国家事业来完成。通过不断地拓印拓本，儒家思想得以普及。这种拓本制作的普及和造纸技术的发展为日后雕版印刷的发明奠定了基础。

雕版印刷始于一种叫做"**印佛**"的版画。所谓"印佛"，是指先用木板雕刻出佛祖或菩萨的形象，再涂上黑色或红色的墨水，然后把纸覆盖到上面，轻轻拂拭纸背进行印刷。相传雕版印刷始于唐代，公元868年印制的《金刚般若波罗蜜经》现今存放于大英博物馆中。

之后，中国又开始使用活字进行印刷。这项技术由北宋时期的毕昇发明，而这种活字被称为**胶泥活字**。1041年至1048年间，毕昇的活字印刷技术使用了先雕刻在黏土上、再烧固定型制成的活字，这比古腾堡早了大约400年。

另有记载显示，1298年，元朝的王祯用木材雕刻了大约三万个木活字，并将其排列在由他亲自设计的旋转式字盘上进行印刷。

这样的印刷技术从中国大陆传到了朝鲜半岛，于是诞生了世界上最早的金属活字。1234年至1241年，高丽国利用铜制活字将《详定礼文》一书印刷了28册。在高丽开城的古墓中也发现了据传是高丽活字的铜活字。

此外，高丽祸王三年（1377年），兴德寺铸造了铜活字，印发了《白云和尚抄录佛祖直指心体要节》一书。此书是世界上现存最早的金属活字本。

世界上最早的印刷品保存在法隆寺

诞生于中国大陆的印刷技术经由朝鲜半岛传入日本，佛教充当了媒介角色。**在石头等物体上面雕凿经文再制作拓本的技术，不久发展成为在木板上雕刻文字和图画再将其大量印刷的技术。**

公元770年印刷的《百万塔陀罗尼经》至今仍有部分保存在日本法隆寺中，这是世界上现存最早的印刷品。

《百万塔陀罗尼经》是以奈良时期藤原仲麻吕发动的武装政变（藤原仲麻吕之乱，又称惠美押胜之乱）为契机而制作的。这场政乱导致很多人死亡，战争结束后，称德天皇为了供奉神明以及祈愿和平，建造了100万座高约20厘米的木质三重塔。

百万塔被供奉在近畿地区的国分寺中，而《百万塔陀罗尼经》就藏于塔内。陀罗尼经的经文以卷轴的形式收藏，幅宽约为 5.4 厘米，长度最短处约 27.2 厘米，最长处达 51.5 厘米。现今剩余的经文就只有存放在法隆寺的这部分，而日本全境范围内已经确认的三重塔共计45000 余座，陀罗尼经约为 2000 卷。

不过，这些陀罗尼经是怎样印刷出来的尚不明确。从时间上来看，较为合理的观点是使用了木板印刷经文，但也有人对木板印刷 100 万卷经文的耐用性产生怀疑。事实上，另有一种颇具说服力的观点认为或许采用的是铜版印刷法。

适用西方，迅速普及开来的活字印刷术

13 世纪前后，雕版印刷从亚洲经由伊斯兰世界传到了欧洲。宗教画《圣克里斯多夫图》是一件确切印刷于1423 年的作品，据说它是欧洲最早的雕版印刷品。

当时，**欧洲的书籍形式主要是手抄本**，据说德国的约翰·古腾堡就是为了**改变这种手抄的状况而发明了活字印刷术**。但此人的生平并不为人详知，所以关于印刷术真正的发明者到底是谁这一争论，存在至今。

古腾堡曾被提供自己研究资金的出资方起诉，要求返还债款。人们大概就是根据诉讼记录等信息推断古腾堡是活字印刷术的发明者吧。但毋庸置疑的是，古腾堡融合并改良了各种印刷技术，并且使用金属活字研制出

凸版印刷的技术。他整合完善了活字、油墨、冲压机和印刷环境整个工作系统。

首先，金属活字的材料采用铅、锡、锑组成的合金。这种合金具有低温溶解的特性，铸造比较简单，铸造模具也并非由沙石固结而成，而是利用黄铜设法制出线条精细的活字。

而所用的油墨需易附着于金属活字并且印后速干，因此他仿照油画的绘画材料，使用清漆作为溶剂。据说当时的清漆是由古腾堡用油烟（油等不完全燃烧时产生的煤烟）、亚麻仁油、松节油、胡桃油、松脂和朱砂（一种矿物质）等材料煮制而成的。

冲压机是从制作葡萄汁和橄榄油的压榨机中获得启发而被研发出来的，而且还装有操作时使用的旋转按钮，可以从上方施加压力，是一种平压式的凸版印刷机。在18 世纪圆压式和轮转式的印刷机出现之前，这种结构的印刷机一直被广泛使用。

古腾堡的印刷技术在欧洲大受欢迎，其中最重要的原因是**西方的拉丁文字字母数量较少，非常适合活字印刷**。尽管活字这种东西最早是在中国和朝鲜半岛出现，但它并没有在这两个地方得到普及。

由于汉字字数繁多，所以用一张木板全部刻完再进行印刷会比较省事。因此，相对于亚洲长期使用雕版印刷，活字印刷术是从欧洲普及开来的。

◎ **1568 年印刷厂的情形**

图中两名工人正在使用印刷机，而在里面作业的是排版工。

一月之内便广为传播的路德之书

随着活字印刷术的普及，书籍的印制速度比以前的手抄本快了许多，价格也降为原来的十分之一左右。另外，采用活字印刷出来的书比手抄本更加准确，又可以批量生产，因此为知识的普及做出了巨大的贡献。

《四十二行圣经》是古腾堡印刷的真正意义上的第一本书。此书是一部经书，在宗教界引起了极大的反响。

14 世纪左右，欧洲的人们对教会腐败不满的呼声开始高涨。1517 年，德国的神学家路德发表《九十五条论纲》一文，猛烈地抨击了天主教会，主张人只有通过信仰才能够被救赎。瑞士的人文主义者加尔文宣扬预定论，更加彻底地贯彻了路德的思想，宗教改革迅速席卷欧洲。

《九十五条论纲》通过活字印刷术出版后，仅在两周之内就传遍了整个德国，一月之内又传遍了整个基督教世界。这在手抄本时代是无法想象的事情。

总之，活字印刷术是推动了宗教改革这种大规模文化运动的一项重要发明。

因进入数字化时代而成为过去式

此后，印刷技术不断发展，又诞生了往雕刻的铜板中注入油墨的凹版印刷和在平坦的石灰石上利用水油相斥原理进行印刷的平版印刷等技术。

到了 19 世纪，照片的发明使印刷界出现了戏剧性的变化。照片的感光性被应用于印刷制版，凹版印刷变成胶版印刷、平版印刷变成照相凹版、凸版印刷变成苯胺印刷等，各种技术逐渐向现在所使用的印刷方法演变。

时至今日，人们开始使用将文字拍摄到感光纸或胶片上来制作底版的照片排版法，活字渐渐走入了历史。

近几年人们研发出将制版等印前工序全部通过数字化操作的 DTP 技术，这已成为当今出版的范式。

尽管现在活字印刷已被视为一项慢慢消失的传统技术，但仍不乏钟情于此的爱好者。如今，面向个人的印刷机销售生意十分兴旺，活字印刷的体验工坊等也颇受欢迎。

◎活字印刷中使用的"活字"

常用的文字和符号大约有 2000 个，但因需要不同的字体和大小，所以至少要准备 8—10 万种。

望远镜

从战时的海上监视工具，到解开宇宙之谜的法宝。

公元 1600 年前后，望远镜诞生在荷兰周边地区。众多天文学家探究宇宙结构、挑战神秘谜团的热情使望远镜得以不断发展。江户时期的日本天文学家们继承了这种对天体永无止境的求知欲，为日本的天文学发展奠定了基础。

近代的日本光学仪器制造商改良制作出拥有光学武器性能的望远镜。如今，为了探知宇宙的尽头，人们依旧不断地对望远镜进行改良。利用最新型的望远镜是否能够解开宇宙的诞生之谜呢？

江户时期的望远镜——远眼镜

因为是眺望远方用的镜子，所以写作"望远镜"。这里的"镜"是镜头的意思。1613 年，望远镜第一次出现在日本，它作为江户幕府初期进献给德川家康的宝物而被保留下来。当时它被称为"远眼镜"。

1639 年，江户幕府开始实行闭关锁国政策，此前日本的商品多依赖进口，闭关后变成国内制造为主。当时的望远镜倍率只有 3—10 倍，据说除了在战场上用它窥探敌情之外，望远镜也颇受藩主和领主们的喜爱。

或许是因为望远镜作为贡品被视如珍宝的原因，有些留存下来的望远镜上镶嵌着象牙等精美的手工装饰物。历史剧中出现的场景：公主拿着筒状的望远镜向城楼下面眺望——这也未必不符合实情。

那么望远镜到底是什么时候被发明出来的呢？据说**公元 1600 年前后，眼镜开始普及，人们制作出了各种各样的凸透镜和凹透镜**。首先介绍一下申请望远镜专利的汉斯·利珀希。

1608 年 10 月 2 日，住在荷兰的眼镜工匠汉斯·利珀希向当时的荷兰君主（荷兰总督）申请了由两片透镜组装而成的望远镜这一专利。

人们普遍认为是利珀希经过反复试验制成了望远镜，但后来真相扑朔迷离。既有他本人关于"我是从客人那里学来望远镜的制作方法"的说辞，又有众所周知的显微镜的发明者亚斯·詹森的儿子的证词："汉斯·利珀希窃取了眼镜工匠们的前辈——亚斯·詹森关于制作望远镜的想法。"

另一方面，也有人认为是亚斯·詹森的儿子萨哈里亚斯·詹森在 1604 年发明了望远镜。然而实际上萨哈里亚斯是按意大利人 1590 年制造的望远镜仿制的，因此很显然他并非望远镜的发明者。

就在利珀希申请专利的 12 天后，又有人（一名大学教授）申请了望远镜的专利，结果两个人的申请均未获得批准。但是**利珀希确立了望远镜的基本构造以及制作方法，并使其广为人知，因此他获得了荷兰政府给予的一次性高额报酬。**

综上所述，可以得出一个大致无误的结论：望远镜诞生在 16 世纪末至 17 世纪初的荷兰周边地区，利珀希为其普及做出了贡献。

"望远镜"的关键人物

从孩子们的玩耍中得到了制作望远镜的启示？

有种说法称利珀希的两个孩子在眼镜店玩耍的时候，偶然用两片透镜清晰地看到了远处的事物，于是利珀希从中受到启发而制成了望远镜。

但是，当时眼镜用的都是远视用的凸透镜，利珀希的店里为何会有凹透镜就不得而知了。

或许当时利珀希已经对使用凸透镜和凹透镜的"伽利略式望远镜"有所设想了。

HANS LIPPERHEY,
fiatilous Gelnffatione venerce

汉斯·利珀希
（1570—1619）

天文学家关注望远镜并不断加以改良

1609 年 5 月，意大利的伽利略·伽利雷在获知利珀希设计的望远镜的存在后，制造了靠近眼睛部位（接触眼睛）的透镜是凹透镜的天文望远镜，即**伽利略式（荷兰式）望远镜**。

伽利略式望远镜主要作为地面用望远镜而广为人知。通过它能看到原始的从上到下的正立像，但是原则上不能再提高倍率。

伽利略大大改良了望远镜，并用它观测到现在被称为"伽利略卫星"的木星四大卫星以及土星光环。伽利略式望远镜如今也被当作观剧时使用的小型望远镜。

伽利略制造望远镜的同一年，天文学家、同时又精通光学和数学的德国人约翰尼斯·开普勒提出了"开普勒第一、第二定律"。开普勒定律可谓当今天文学的基础，是以丹麦的天文学家第谷·布拉赫的观测结果为依据确立的。

紧接着，1611 年，开普勒设计出由两片凸透镜（接触眼睛的部分也是凸透镜）组成的新型**开普勒式望远镜**。虽然它呈现上下反转的倒立像，但是观测天体完全不成问题。它视野广、倍率高，成为现在流行的折射式天文望远镜的发端。

◎开普勒式天文望远镜

这是日本国立天文台历史馆内展示的巨型开普勒式天文望远镜，号称日本口径（65厘米）最大的折射式天文望远镜。

此后又诞生了很多使用透镜的望远镜。相机中的长焦镜头基本也是开普勒式的。用于观测野鸟等的地面望远镜以及双筒望远镜，就是把开普勒式望远镜特有的倒立像通过棱镜折射变成正立像的。

能够收集幽暗星光的反射式望远镜

伽利略式望远镜和开普勒式望远镜的诞生普及了光学的基础知识，人们逐渐了解到用"镜"代替透镜可以自由操纵光线。

1663 年，苏格兰的天文学家詹姆斯·格雷戈里设计出用大凹面镜代替望远镜接物镜的反射式望远镜——**格雷戈里式天文望远镜**，英国的数学家艾萨克·牛顿对此极为关注。对光学研究也颇有见地的牛顿感到使用透镜的折射式天文望远镜在性能方面的追求已经到达了极限。于是，他改良了格雷戈里式天文望远镜，设计出**牛顿式天文望远镜**，并于 1668 年制作完成。

对于天文望远镜而言，最重要的是如何采集大量幽暗的星光。对此起到决定作用的是接物镜和反射镜的直径（口径）。相比生产透明度高的大块玻璃凸透镜，凹面镜制作简单并且造价低廉，因此牛顿式天文望远镜在天文望远镜领域更受欢迎，性能也更好。

之后又诞生了卡塞格林式、内史密斯式等反射式望远镜，人们还开发出在反射式望远镜的基础上组装矫正镜片的折反射式望远镜等。但真正将反射式望远镜推广开来的是牛顿式天文望远镜。

即使是现在，面向业余爱好者的天文望远镜也以牛顿式反射望远镜为主流。另外，安装在天文台的大型天文望远镜，例如日本国立天文台（夏威夷观测所）的**昴星团望远镜**，从工作原理上来看也是反射式望远镜。

对天文感兴趣的野蛮将军

日本的精密仪器制造商尼康和佳能的前身均为开发

和销售透镜等光学产品的公司。此外，日本还有很多历史悠久的光学仪器制造商。

远眼镜（望远镜）初入日本时，幕府为示警惕只将其用于军事活动，禁止制造复制品。但是到了历史剧里家喻户晓的"野蛮将军"——德川吉宗的时代，形势突然发生了转变。

具有科学素养的吉宗对天文表现出浓厚的兴趣。他重用幕府已设立的天文方 ①，根据西方天文学制定了新历法。此前不久，即 1684 年，时任天文方的涩川春海也为天文学及测量学的发展做出了贡献。

日本第一个绘制出精确地图的伊能忠敬也是一位天文学的专家，在其天文测量工作中，望远镜发挥了重要作用。

1832 年（对此也有不同说法，故并不确定），在近江的国友村（现在的滋贺县长浜市），从事枪支铸造的国友一贯斋开始制作高性能的望远镜，并长期进行太阳黑子的观测，还留下了精致的月球表面手绘图。

19 世纪中叶，英国和德国开始制作双筒望远镜。欧洲列强通过海军舰队大肆发动海洋战争，双筒望远镜成为海上监视的重要工具。幕府末期，日本也开始进口双筒望远镜。在上野战争中作出重要决策的大村益次郎，

---

① 译注：负责天文的职务名。

其立于靖国神社的参道中央的铜像左手就紧握着双筒望远镜。

如此一来,光学产品作为军用装备再次受到关注。1911 年,日本的藤井镜片制造厂制作出日本国产的第一款双筒望远镜。

之后将其继承发展的是日本光学工业公司 (尼康)。日本光学工业公司的目标是将双筒望远镜和狙击用望远镜等军用光学产品国产化。

20 世纪 30 年代至今,**在光学仪器的开发和销售方面活跃于世界舞台的日本企业集中在陆军武器兵工厂的所在地——东京板桥**。德国的耶拿地区以发展光学精密仪器出名,至今仍处于世界领先地位。与之相同,日本的光学技术在板桥地区的发展也有着鲜花着锦之盛。

例如,全世界屈指可数的业绩卓著的企业——胜间光学机械公司就位于板桥地区。该公司仅靠数名员工制造出精度高且又坚固的双筒望远镜,向美国和以色列等十几个国家的军队及日本的自卫队供货。

曾作为光学武器的望远镜,随着雷达的兴起而衰落了。但是,战时及战后发展起来的日本光学技术却不断提高。

如今,包括日本在内的世界五国^①在夏威夷共同建造

① 译注:其余四国为美国、中国、加拿大和印度。

◎胜间光学机械的工厂

江户时代孕育出的日本制造精神流传至今。技艺娴熟的工人用双手制造世界顶级的双筒望远镜。

口径长达 30 米的超大型光学红外线望远镜（TMT），其反射镜使用的是只有日本的欧哈拉公司能够生产的零膨胀玻璃。

望远镜探测宇宙诞生之谜

至此介绍了光学望远镜以及处理人眼可以感知的可见光的望远镜的历史。现在，这些收集可见光的光学望远镜，仍在被业余天文爱好者广泛使用。

另一方面，宇宙中有很多被遮挡、未能暴露在可见光中的物体，所以需要能够捕捉红外线和电波的望远镜。

其中有一种**射电望远镜**，呈典型的抛物面天线的形状。它利用巨大的抛物面来反射电波而使其集中于一点，因此也可以说是反射式望远镜的一种。这种形状适合高效率地捕捉来自遥远宇宙的微弱电波。一般不会使用单台射电望远镜，而是让数台射电望远镜协同运作，以各望远镜间的距离作为口径进行使用。也就是说将直径 10 米的抛物面天线安置在 100 米以外的话，就可以当做直径 100 米的射电望远镜使用了。

设在智利高原的阿塔卡马沙漠的**阿尔玛望远镜**是射电望远镜，这是日本、韩国、美国、加拿大、欧盟各国以及中国台湾地区共同运营使用的国际合作项目。该项目总共设置了 66 台直径（口径）为 12 米和直径为 7 米的射电望远镜，使最大口径达到 18.5 公里，可以仔细地观察遥远的宇宙。

日本正在进一步制造新一代的望远镜。在岐阜县飞弹市神冈町的神冈矿山的地下深处，正在建设**KAGRA**（大型低温引力波望远镜）。其设计思路是将隧道挖成一边长为 3 公里的 L 型，隧道内做成超低温的真空管道，利用光来测量距离的变化。

该望远镜试图捕捉爱因斯坦的广义相对论中预言存在却尚未被各国检测出的引力波。引力波作为一种时空扭曲来传达宇宙的信息，它一旦到达 KAGRA，L 型的某侧就会发生极其细微（10^{-20} 米）的伸缩。

人类红细胞的直径是 6—8 微米，即 10^{-6} 米，而引力波到达时的时空扭曲值比它还要小 10—15 位数。为了捕捉难以想象的微小扭曲，以及试图观测被称为宇宙诞生瞬间的宇宙大爆炸，KAGRA 预计在 2017 年投入运营。利用引力波望远镜能否观测到宇宙的边际，真是令人无比期待。

蒸汽机

改良过程中的一环。
瓦特发明的技术只是蒸汽机

公元 1769 年

蒸汽机将蒸汽的压力变为动力，推动了 18 世纪后期开始的工业革命，成为各类工厂机械运转的原动力。蒸汽机的原理早在古代就已被发现，经过多位学者和发明家的不断努力，最终由英国的詹姆斯·瓦特发明出实用性较强的蒸汽机。

通常人们把瓦特获得专利的 1769 年视为蒸汽机的发明年。之后，蒸汽机被广泛应用于火车和轮船等。现在发电厂等仍在使用蒸汽机。

工业革命的原动力是蒸汽机

工业革命将原有的生产模式转变为机械生产，打开了近代资本主义的大门，而蒸汽机的发明大大推动了工业革命的进程。

英国曾在北美、西非、印度等地拥有资源丰富的殖民地，占领了广阔的海外市场，成为工业革命的舞台。18世纪后期，**英国进行了大规模的农村土地改革，大地主将中小农民的土地租赁给农业资本家，导致失去土地的农民都变成了工人。**

在拥有丰富劳动力和市场资源的背景下，英国兴起了使大批量生产成为可能的技术变革。引发变革的关键是蒸汽机被应用于矿山排水装置以及棉纺织业的纺织机等工业机械。

而成为英国工业革命原动力的蒸汽机是由苏格兰工程师詹姆斯·瓦特推广普及的。

1769年，瓦特获得了"一种新的在火力发动机中减少蒸汽和燃料消耗的发明方法"这项专利。该项技术随后被广泛运用在各类工厂机械上，成了机器的动力。

然而，事实上将蒸汽变为动力的构造和蒸汽机本身在瓦特获得专利之前就已经存在。

蒸汽机的雏形是压力锅

早在很久以前，人们就发现了蒸汽机的原理。相传公元1世纪左右，古代数学家希罗制作了一个球形装置，把水灌入其中，再从外部加热至水沸腾，安装在球形装置上的排气阀便会释放出大量的蒸汽。后来他又设想出逆着球体旋转方向安装多个排气阀的构造，加热后蒸汽涌出会使球体不断旋转。这个装置被称为**汽转球**，据说就是世界上最早的汽轮机。

但是，希罗身处皇家御用学者的立场，并没有据此原理进行实物生产。

此后又过了 1500 多年，法国的物理学家丹尼斯·帕潘发现水的沸点会受到气压的影响发生改变，并于 1679 年发明了压力锅。与其说是锅，倒不如说是一个外形巨大的烹饪工具。毫无疑问，它是一个利用蒸汽压力的烹饪工具。压力锅这一发明可以说是蒸汽机的雏形。

蒸汽是气体。蒸汽冷却变为液体，体积就会缩小。帕潘认为如果能让这样的压力变化发生在真空容器中的话，便可以获得很大的动力。

1695 年，帕潘利用该原理制作了**真空引擎**的模型机，尽管试验成功，却没有得到实际运用。

真正制成真空引擎的是英国的发明家托马斯·塞维利。1698 年，他发明了汲水机，并且获得了"火力抽水装置"的专利。塞维利将他的发明称为**"矿夫之友"**。

当时，英国的矿山工业为了满足旺盛的市场需求，大量开采煤炭、锡、铜、铅等资源，致使坑道越挖越深。如此一来，深坑道的排水成了重要课题，于是蒸汽机作为排水装置的动力来源被开发出来。

然而，塞维利的蒸汽机运用的技术是凭借压力差直接汲水，没有使用通过往复运动改变压力差的活塞和汽缸等装置。而配备有这些装置并实际用于矿山坑道排水的蒸汽机，其发明者是英国的托马斯·纽科门。

效率低下的纽科门大气式蒸汽机

1712 年，纽科门改良了帕潘和塞维利的装置，发明了**大气式蒸汽机**。大气式蒸汽机的顶部安装了天平，通过天平的连续上下运动，可以像汲水井那样汲水。下面简单介绍一下它的构造。

首先，锅炉加热使水沸腾产生蒸汽，再将蒸汽送入筒状的气缸，气缸内装有与天平一侧相连的活塞，蒸汽一旦进入气缸就会向上推动活塞，与之相连的天平一侧也会向上运动。与此同时，天平的另一侧向下运动，事先在这一侧吊挂水桶，水桶就会自然落入坑道。

其次，汽缸内启动喷水装置，通过喷水使蒸汽冷却凝结，产生气压差推动活塞向下运动。于是，天平就会向与之前相反的方向运动，水桶则被提出坑道。这一过程反复进行就可以排出坑道内的水。

据说纽科门得到了塞维利转让的专利，生产了 75 台这种大气式蒸汽机。

但是这种蒸汽机有个很大的缺点——效率低到令人绝望。

◎纽科门的大气式蒸汽机

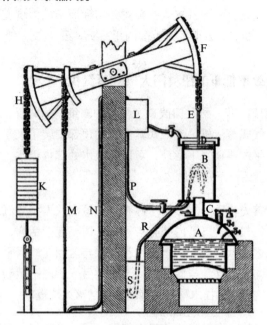

A 是锅炉，B 是汽缸。左图中汽缸里的活塞 D 处于被蒸汽推至顶部时的状态。若汽缸内有水喷入，则活塞会因气压差向下运动。

为了驱动活塞，需要一次次地冷却汽缸内部，而为了输送蒸汽，又要通过锅炉加热使气缸再次升温，因此浪费了大量的能量。

据说用此装置开采的煤炭约有三分之一要被消耗在驱动蒸汽机上。

从修理开始产生发明念头的瓦特

通常被视作蒸汽机发明者而广为人知的詹姆斯·瓦特改良了纽科门蒸汽机。

1763 年，工程师瓦特意外接到了纽科门蒸汽机的修理委托。瓦特检测后发现，汽缸内喷水时汽缸本身也被冷却，即便接着输送蒸汽也不能推动活塞。事实上，瓦特想从根本上解决这一故障的动因，成为纽科门蒸汽机得以改良的契机。

瓦特重新设计后，取消了汽缸内部的喷水装置，而是在其外侧安装了冷却装置（称作冷凝器），创造出将蒸汽排放到冷凝器中冷却凝结的新方法。这样一来，汽缸内部的高温得以维持，同时大幅提高了燃料的使用效率。

1769 年，获得了"一种新的在火力发动机中减少蒸汽和燃料消耗的发明方法"这一专利的瓦特开始制造原创的蒸汽机。他与伯明翰的企业家马修·博尔顿合作，筹集资金、开办工厂。尽管曾出现过因汽缸与活塞密合不佳而导致蒸汽泄漏的技术性问题，但最终瓦特借助制造大炮时使用的新型镗孔加工技术 [1] 解决了这一问题。

1776 年，瓦特·博尔顿式蒸汽机制作完成。驱动

---

[1]　译注：此项技术由约翰·威尔金森发明。

该蒸汽机所消耗的煤炭量比纽科门的蒸汽机消耗的少75%。

此后，瓦特进一步对蒸汽机进行改良。新的蒸汽机上多了一个机关，能在汽缸内从活塞两侧交替输送蒸汽，这样不利用气压变化也能驱动活塞进行双向运动；机器还被安装上了能确保活塞进行一定往复运动次数的离心节速器和行星齿轮等部件。此外，瓦特还将活塞的直线往复运动改良设计成了圆周运动。

这之后，蒸汽机作为传送带、电锤、水泵等机械的驱动装置被广泛使用，炼铁厂、纺织厂、酿酒厂、面粉厂等各类工厂也开始纷纷使用蒸汽机。据18世纪末专利到期时的记录显示，英国投入使用的瓦特·博尔顿式蒸汽机多达450台。

内燃机的兴起使蒸汽机功成身退？

后来，英国机械工程师理查德·特里维西克的研究使蒸汽机往小型化方向发展。他没有使用瓦特设计的冷凝器，而是采用高压蒸汽直接驱动活塞、再将排出蒸汽释放到空中的办法。**小型蒸汽机的诞生使开发蒸汽机车和蒸汽汽车成为可能。**

但是，到了19至20世纪，随着使用电力和石油（主要是汽油）的内燃机的兴起，曾推动工业革命发展的蒸汽机逐渐退出了历史舞台。这是因为与蒸汽机这种在汽缸外燃烧燃料的外燃机相比，在汽缸内燃烧燃料的内燃机的效率要高出许多，而且更容易小型化。蒸汽机的启动和停止都十分费事，不适于用作移动设备的动力来源。

直到20世纪中期，蒸汽机仍活跃在机车的动力领域，但具有小型化需求的汽车却很早就转向了汽油引擎。

现在看起来蒸汽机已经默默地功成身退了，但实则有些发电厂还在使用最原始的汽轮机。由于外燃机可以把各种燃料作为热源来使用，因此核电站和废弃物处理厂（垃圾焚烧厂）等也仍在使用蒸汽机。

"蒸汽机"小杂谈

蒸汽机性能 VS. 马匹的劳动力

詹姆斯·瓦特发明蒸汽机的时候，为了表示其性能，他用一匹马所能完成的标准运输量作为其计量单位。这就是"马力"这一单位的由来。马力分为英制马力和公制马力，英制马力以英尺·磅为单位进行计算，而公制马力则以米为单位。例如，1英制马力等于1秒内将550磅的重物移动1英尺的功率。

此外，表示功率的单位还有以詹姆斯·瓦特的名字命名的"瓦特（W）"。1英制马力约合745.7瓦特[1]。

---

① 译注：此处原作者的换算有误，原著错写为74万5700瓦特。

电池

研发电池的契机竟是因为"迟到"？
干电池持续进化。
在日本人的不断努力下，

电池的原理最初是从蛙腿的抽搐现象中发现的。之后经过不断研究，1800年时伏特发明了电池。

现在便携式小型电器的普及得益于"干电池"的出现。世界上率先制作出干电池的是后来被称为"干电池之王"的屋井先藏。如今电池的性能日益提高，而日本的电池技术依然能够领先世界，可以归功于屋井早年在日本国内打下的坚实基础。

谜团重重的"巴格达电池"。真相到底是什么？

1932年，在伊拉克巴格达的民宅遗址中发现了一把小壶。此壶从样式上推断是公元3—7世纪的制品。当时关于"此壶的原形是不是世界上最早的电池"这一问题引发了激烈的讨论。

这个被称作"巴格达电池"的文物高约 10 公分、直径约 3 公分，是一个外表呈壶状的土瓷罐，大小和形状与日式酒壶十分相似。它的里面有一个铜制的小筒，筒内装有铁制的细棒，筒壁留有存放过液体的痕迹。

这个巴格达电池跟写有咒语的三个钵放在一起，难以推测其当时的用途。

在此发现 6 年之后，德国的研究者发表了一篇主题为"巴格达电池或许是伽伐尼电池的一种"的论文。当时正值第二次世界大战前夕，世界各国对科学和工业技术的热情空前高涨。

此后，人们进行了验证实验，按巴格达电池的结构重造了一个相似的模型，产生了 1—2 伏的电压，于是这个文物被确认为电池。

然而，仔细观察实际挖掘出来的巴格达电池，里面的铜制小筒被柏油密封，此种状态下几乎无法产生电。从周围的遗址中也**没有发现利用巴格达电池产电和用电的痕迹**。近年来出现了以下几种观点：

· 巴格达电池不是电池，而是用于宗教祷告的物品；

· 铁棒是用作莎草纸卷轴内芯的，铜制小筒是用来保存它的物品。

尽管巴格达电池的确能够产电，但归根结底它或许只是一个偶然的产物。

在青蛙的解剖中发现电池的原理

那么，为什么电池可以产电呢？要了解电池的构造，首先需要知道"两种金属相连就会产生电流"这个道理。

发现电池原理的是因**伽伐尼电池**而为人熟知的路易斯·伽伐尼。这位意大利医生（解剖学教授）发现动物肌肉受电流刺激会发生抽搐。1780 年，他在解剖青蛙的时候，将用于切割和固定的手术刀插入青蛙的腿部（肌肉）后，发现蛙腿产生了抽动现象。

伽伐尼认为青蛙肌肉内部存在电源，经过反复实验，他逐渐弄清了神经和生物电的结构。

另一方面，意大利的物理学家亚历山德罗·伏特对伽伐尼的发现进行了更为详细的研究。伏特认为产生电流的是金属手术刀，他用浸泡过盐水的纸代替蛙腿，再用两种金属将其夹住，证实了同样也会产生电流。于是，1800 年，他发明了**伏特电池**。

伏特电池是用锌片和铜片夹住浸有稀硫酸的纸做成的，它的缺点是用了一段时间之后就不再产电。

英国的化学和物理学家约翰·弗雷德里克·丹尼尔对伏特电池进行了改良，于 1836 年制作出能够连续发电的**丹尼尔电池**。这是最早的实用电池，但却因为使用了硫酸溶液，所以不便携带。

◎物理课实验中使用的电池

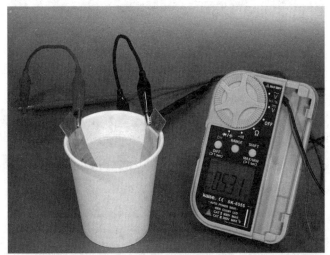

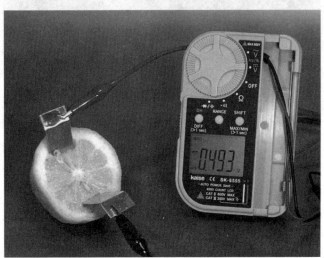

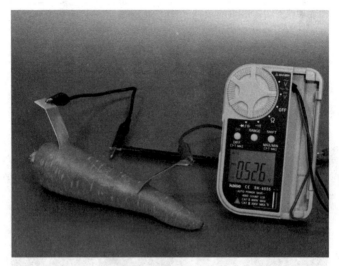

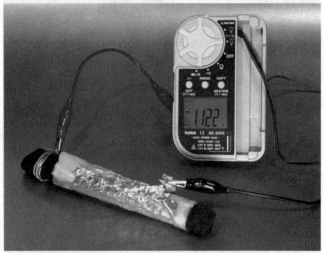

使用铜板和锌板的伽伐尼电池的样例。
备长炭电池也是铝碳伽伐尼电池的一种。

大家在初中的物理课上做过上图中的实验吗？这就是在柠檬等物体上插上锌板和铜板制成可以产电的伽伐尼电池的实验。

此后，关于电和电池的研究不断取得进展，为表彰伽伐尼和伏特的功绩，人们将利用两种金属和电解液进行化学反应后发电的电池称为伽伐尼电池。

另外，将表示两个电极之间的电位差（电压）的单位命名为"伏特（V）"。

再者，在伽伐尼电池中，还特别将以锌和铜为两极的电池分别称为伏特电池和丹尼尔电池。

干电池的发明者是日本人

现在市面上销售的电池大部分都属于伽伐尼电池，如锰电池、碱性锰（碱性）干电池、锂电池、空气电池、汞电池、氧化银电池、铅蓄电池、镍氢充电电池、锂离子充电电池、镍镉充电电池等。

用完即弃的称作**一次电池**，充电后可反复使用的称作**二次电池**。除了用作汽车电池等的铅蓄电池以外，其他电池都是将电解液浸入某物、便于携带的干电池。

世界上最早发明出干电池的人是屋井先藏。作为一名钟表工匠，屋井在23岁时（1885年）发明了电池驱动下能够准确运转的**连续电气钟表**。但因为使用的是液态的丹尼尔电池，所以需要补充电解液等进行保养，而且冬天电解液会结冰，使用起来非常不便。

于是，屋井开始研发无须保养且低温状态下也能使用的干电池。

到 1885 年（也有说法是 1887 年），屋井发明出了干电池。然而因为申请专利需要花钱，所以二十出头、年轻贫穷的屋井未能申请专利。

几年后，德国的加斯纳和丹麦的海伦森分别在各自的国家取得了干电池的专利。而在日本，高桥市三郎在 1893 年获得了干电池的专利。

不过，在高桥获得专利之前，屋井的干电池就已充斥市场，早已普及。1893 年，芝加哥世博会上展出的东京帝国大学（现东京大学）的地震仪所用的电源便是屋井的干电池。

如今依然颇具实力的日本电池制造商

屋井后来建立了自己的工厂，开始批量生产干电池，并进行大力推销。从明治末期到大正时期再到昭和初期，被称为"干电池之王"的屋井干电池席卷市场。现在单体干电池那样的圆柱形式样也是由屋井确立的。

屋井去世后，屋井干电池急速衰落，公司运营也终止了。但当时其他生产干电池的电池制造商，如松下（松下电器产业、朝日干电池、三洋电机）和东芝电池（冈田干电池）等，至今仍是世界上屈指可数的著名企业。

与屋井几乎同一时期兴盛起来还有日本电池公司GS·汤浅公司（GS是日本最早制造铅蓄电池的创业家岛津源藏的罗马音首字母缩写），其前身是汤浅蓄电池有限公司。现在的汤浅公司以开发和销售大型电池为主，特别是其生产的汽车用蓄电池占据了世界市场的第二大份额。

"电池"的关键人物

因考试迟到而丧失深造的机会！
这次失败成了发明的契机？

屋井先藏从13岁开始就在东京的钟表店打工，15岁时回到故乡新潟县长冈市的钟表店工作。

22岁时屋井再次回到东京，本打算进入高等工业学校（现东京工业大学）学习，但是因为迟到5分钟未能参加入学考试。

据说这个失败的求学经历成为他制作准确运转的连续电气钟表的契机。然而他的功绩一度被人遗忘，直到2014年屋井才获得全球历史性伟业的认可奖——"IEEE里程碑"奖。

屋井先藏
（1864—1927）

源自美国太空计划的燃料电池

如今，随着方式、材料、电极等的多样化发展，人们制作出各种各样的新型电池。若用一句话来概括它们，那就是"能够供电的装置"吧。目前为止介绍的都是利用金属电极和电解液等化学物质进行反应发电的**化学电池**。

燃料电池也属于化学电池。伏特电池发明的第二年，即 1801 年，燃料电池就被研制出来了。而直到 1965 年美国正式启动太空计划后，实用燃料电池才被生产出来，并被安装在双子座 5 号载人飞船上。

另外，在太空探测中经常使用物理电池，如将光能直接转化成电能的太阳能电池、将放射性物质发生核裂变时产生的热量转化成电能的"核电池"等。发射到太阳系之外的太空探测器旅行者 1 号，从 1977 年发射开始算起已经过去大约 40 年，至今仍在运转。由于它安装了即使在无光的超低温状态下也能工作的核电池，因此直到 2025 年左右都能保持与地球的通信。

除此以外，智能手机、数码相机、小型笔记本电脑等便携式电子产品能够如此普及，也是因为有了可以反复充电使用的**锂离子充电电池**（锂离子聚合物充电电池）。锂离子充电电池具有体形小、质量轻、容量大的优良特性。然而 20 世纪 80 年代初期的实用锂离子电池使用的是易燃的贵金属锂，导致早期移动电话自燃事故接二连三发生。日本的科学家们努力研究，终于在 1990 年左右研制出了耐用的实用电池，经由索尼和三洋电机（现松下）商品化生产销售后逐渐普及开来。

近年来，锂离子充电电池的主要需求从手机终端转向了电动汽车。此外，停电时使用或错开用电高峰时使用的节能型家用大型蓄电池也备受关注。今后电力的存蓄方式可能会发生巨大的变化。

电池从发明到现在已有两百多年了，如今仍在不断发展中。不使用锂钴等稀有金属的低成本电池、消除自燃和变热等安全隐患的电池、充电时间短而使用时间长的二次电池等的研究都在稳步推进。

公元1804年

机械自动化（机器人）

机器人会不会成为人类的统治者？
始于纺织机的工业自动化机械。

说到自动化机械，脑海中最先浮现出的是那些在动漫中出现的机器人角色吧。但是在西方，机器人往往被描绘成抢夺人类工作、发动叛乱的邪恶形象。

起初，自动化机械（机械自动化）是为了给人们带来便利而出现的，帮助人类摆脱无谓的劳作，将时间用在更有意义的地方。它起源于1801年出现的雅卡尔提花机。本章将探索自动化机械迄今为止的进化过程以及未来机器人的发展方向。

代替人类的自动化机械

代替人类自动或自主地集中进行某项工作的人形机械或装置，现在通常被称为"机器人"。这个词原本是1920年捷克斯洛伐克的小说家卡雷尔·恰佩克在其剧作《R.U.R.（罗素姆万能机器人公司）》中创造的词语。

《R.U.R.》中的机器人具有与人类一模一样的外表，实则只是拥有人造肉身的人造人。

恰佩克以中世纪的炼金师制作的何蒙库鲁兹（人造人）以及犹太教世代相传的哥连（自由行动的泥人）的传说等为原型创造出了新形象，用今天的话来讲就是人形机器人，即人工智能。

"人工智能"一词从 18 世纪已经开始使用。根据当时的词典，**所谓人工智能就是自动机器（机器人），而自动机器是指通过机关控制活动的自动偶人（机械偶人）。**这也是以发条为动力的八音盒以及自动演奏乐器等自动机器的起源。

18—19 世纪，欧洲的钟表工匠和偶人工匠手艺精湛，制作出了各种各样的自动机器。很多自动偶人（如拿笔写信的、手弹风琴的，等等）至今仍被保存着，并且还可以正常活动。

自动偶人只能做出设定好的动作，而恰佩克笔下的机器人却能自行思考。在故事的开头它就发起了对抗人类的反叛活动。

恰佩克创作《R.U.R.》的时期正值捷克斯洛伐克共和国刚刚独立，社会上希望与不安共存。或许他是想通过描写人类与机器人之间的纷争来表现当时的社会状态吧。

"自动化机械（机器人）"的关键人物

具有思想和灵魂的人造人称为"机器人"。

卡雷尔·恰佩克将按照指令行动的人造人命名为"机器人"。

不过，后来"机器人"一词被刻上了带有机械和齿轮等"马口铁人偶"形象的烙印，对此恰佩克并不接受。

《R.U.R.》中的机器人被描绘成具有思想和灵魂的存在。

另外，在他哥哥去世后，恰佩克提出"想出机器人这一称呼的是哥哥约瑟夫·恰佩克"。

卡雷尔·恰佩克
（1890—1938）

可以编程的自动织布机

在欧洲流行自动机器之前，日本从 17 世纪就开始大量制作活动偶人。但无论哪一种自动偶人，都只能做出预先设定好的动作。直到 1879 年，才出现了八音盒这种能够通过调换气筒（旋转筒）来变换演奏乐曲的机器。

在世界范围内的工业化机械迅猛发展之际，法国一位织布工匠的儿子约瑟夫·玛丽·雅卡尔陷入借贷危机，企图通过发明一攫千金。精通织布机的雅卡尔设计出脚踏式织布机和渔网织布机。接着，他从 1804 年开始制造能够在丝织品上自动织出图案的**雅卡尔提花机**，后历经数年制造完成。

这款雅卡尔提花机在织物上编织图样时，每织一纬都要经过打着孔的厚纸板，是一台由所谓的打孔卡控制的机械结构。运用这部机器，只需更换打孔卡就可以织出不同图案的织物。

换句话说，雅卡尔提花机是能够织出各式各样图案的通用织布机，是按照程序进行运作的自动化机械。从此，**不会发生人为失误、依照指令进行运作的自动化机械诞生了**。

这种打孔卡工作方式后经改良运用于计算机的输入设备，直到20世纪80年代仍被作为能够读取程序和数据数值的工具使用。而标记卡式的输入设备，至今仍可见其踪影。

机器人成了邪恶的形象？

能够自动纺织的雅卡尔提花机普及之后，丝织品的生产率大幅提高。由于丝织品的生产大幅加快，导致丝线原料供应出现缺口，因此急需提高蚕茧制丝纺纱机的制丝速度。

满足这一需求的是英国的理查德·罗伯茨。1779年诞生的骡机由多个齿轮和曲柄组合而成，运作复杂，又因动力是人力，故而需要经验丰富的技术工人进行操作。于是，罗伯茨对这种骡机进行了改良，使其成为以蒸汽机为动力的全自动机器。这样一来，**纺纱机和织布机都可以自动（自动化）运转了，不再需要工人进行复杂的操作**。只需少量人员到时间进行更换打孔卡或丝线等简单操作即可完成工事。

据说雅卡尔制造自动织布机的初衷是想解放纺织厂里那些带着年幼的孩子来工作的纺织工。然而，雅卡尔提花机的普及导致纺织工失业，孩子们陷入了更加恶劣的环境。

工业自动化引起的劳动力富余问题，在 19 世纪初期就已经存在了。工厂里的员工过剩，被解雇的员工为了换取高额报酬转而从事挖掘煤矿等具有危险性的工作，因为当时蒸汽机的运作需要大量燃料（煤炭）。这种恶性循环导致了英国的工业革命。

这一时期的机器人说到底只是自动化的机器。而恰佩克的"机器人"则是外观上与人类肖似、名称源自捷克语 robota（强制劳动）、并且服从人类命令的存在。

1927 年诞生于美国的"电报箱"[①] 确立了机器人的形象——金属制造、触感冰凉、动作生硬。人们可以使用电话线对"电报箱"进行远程操控，但它看起来就是一个箱形躯干上装载了一个箱型头部、外加简陋四肢的机器。

另外，1927 年上映的德国电影《大都会》中登场的女性智能机器人"玛丽娅"对机器人的形象也起了决定性的作用。

① 译注：一种声控机器人。

就这样，到了20世纪初，机器人成了抢夺人类工作、引发叛乱的事物。

◎无声电影《大都会》中的玛丽娅

《大都会》是一部描写资本主义与共产主义对立的作品。智能机器人"玛丽娅"是统治阶级派出的间谍，打入工人阶级内部迷惑众人。

内心温柔的日本机器人

在日本，中日甲午战争和日俄战争期间，虽然重工业得到发展，但因为没有引进价格高昂的自动化机械，导致制造业的自动化发展落后。在那样的情况下，1928

年，新闻评论家兼生物学家西村真琴制作出了独特的智能机器人——"学天则"，并在纪念昭和天皇即位的展览会上将其展出。

"学天则"是一个偶人，歪着头注视前方仿佛在观察着什么，它手持的神灯一亮，则进入获得灵感的状态，便会驱使手和胳膊运动，似乎要将这份灵感记录下来。由于西村也是生物学家，所以他力求表现出真实的动作和丰富的表情，因此"学天则"在各地的展览会展出均引发震惊的赞叹。

"学天则"以橡胶管传导的空气压为动力，动作时不会发出很大的机器声响。整体运动是通过气缸八音盒上安装的那种突起的旋转圆筒来控制的。通过更换圆筒，"学天则"可以做出不同的动作，因此它被视为日本的第一台机器人（自动化机械）。

此后，确立了日本机器人形象的应当说是手塚治虫的《铁臂阿童木》吧。1951年，《铁臂阿童木》在杂志上连载后大受欢迎，而以阿童木为主人公的动画片从1963年开始放映。另外还有个机器人形象也是不可忽视的存在，它来自1969年开始连载的藤子不二雄的《哆啦A梦》。

这两者的共同点是**具有超凡的能力（或道具）、同时带着与人类一样的情感行动和成长**。正是看这些与人类共同生活的机器人长大的技术人员，研发出了本田技研工业公司的双脚行走机器人ASIMO以及在国际宇宙空间站进行对话试验的机器人宇航员 KIROBO 吧。

机器人会不会成为人类的统治者？

通常工业机器人被定义为拥有机械手臂（操作手臂）或具有自行移动能力、能够执行程序所设工作的装置。

机器人常用于自动化发展程度较高的汽车产业以及仓库管理、警备等领域，也在人员进出危险的地方承担监视工作。最近成为热点话题的"多隆"（无人机）在某种程度上能够自主控制飞行，因而也是机器人的一种。不过，"多隆（Drone）"这个词的原意是指所有可以自主操控的飞行器和车辆等移动机械。

新型自动化机械的开发研究发展迅猛，诞生了从事看护和辅助工作的仿真机器人、提升人的行动能力和肌肉力量的自动化机械等。无论哪一种机器，归根结底都是出于服务人类的角度而被开发研制，因此机器人统治人类的情况目前看来尚不会发生。更确切地说，如果真的发生，也是因为人类编程时就已设定好这样的游戏规则。

但是，**在宇宙学理论方面成果卓著的著名物理学家斯蒂芬·霍金以及微软公司的比尔·盖茨都表达了对人工智能（AI）的担忧。**

本书的"半导体"和"计算机"两个章节介绍了摩尔定律，多个专家团队根据此定律做了实验后预测"到

2045 年，人工智能的思维能力将超过人的大脑，届时会迎来技术上的难点（技术性奇点）"。

虽然无法探知未来机器人的样子，但在其发展的进程中，出现不体现人类意志的机器人并非完全不可能。

公元 1825 年

铁路

原动力从马力向电力进化。
磁悬浮列车时速可达六百公里。

　　铁路就是利用轨道让车辆畅行的技术。很早以前就有以马为动力的马车铁路。蒸汽机发明后，1825 年英国开通了世界上第一条商用铁路。

　　后来，铁路实现电气化，电力机车和有轨电车在全世界普及。1872 年日本开通了铁路，此后不断提升与电车相关的技术，不久便被奉为"电车大国"。如今在利用电磁铁运行的磁悬浮列车的研究与开发方面处于世界领先地位。

轨道宽度的世界标准为 1435 毫米

　　铁路的历史从蒸汽机的发明开始。"蒸汽机"一章中提到，18 世纪下半叶开始的英国工业革命时期诞生了蒸汽机，经过不断改良，苏格兰的詹姆斯·瓦特将其作为工厂机器的动力加以实用化。之后，英国的机械工程师理查德·特里维西克改良制造出小型的高压蒸汽机。

特里维西克思考若将小型蒸汽机和作为燃料的煤炭和水一起安装到车上，车子会不会自动行驶呢？

于是，1804 年世界上第一辆蒸汽机车诞生了。当时，特里维西克设计的蒸汽机车搭载了 10 吨矿石和 70 名乘客，牵引 5 节车厢成功行驶了大约 15 公里。但是它的时速只有 8 公里，跟慢跑没有什么区别。而且，由于用的是马车铁路的轨道，因此造成多处损坏，最终未能投入实用。

建成世界上第一条商用铁路的是英国的乔治·史蒂芬孙。1814 年，他制造了名为**"布吕歇尔号"**的蒸汽机车。史蒂芬孙研究出能够承受机车重量的最佳轨道宽度，同时，在英国建设了从东北部的蒂斯河畔斯托克顿起、经由达灵顿到达希尔登近郊煤矿的斯托克顿–达灵顿铁路。

1825 年，史蒂芬孙又制造了名为"旅行者号"的蒸汽机车，并让其在斯托克顿–达灵顿铁路上行驶。这就是世界上第一条商用铁路。当时采用的轨道宽度（轨距）为 1435 毫米，这一数值至今仍作为世界标准轨距。

早期的电力机车时速只有 13 公里

始于英国的铁路建设浪潮，随后蔓延到美国、法国、德国等国家。19 世纪 80 年代，全世界铺设的铁路线共达 80 万公里，铁路成为陆路交通的主要方式。

◎旅行者号

The No. 1. Engine at Darlington.

开通首日，"旅行者号"的客车及货车运载了很多乘客和煤炭等（共计90吨），平均时速约为24公里。

在此背景下，铁路朝电气化方向发展起来。

电力机车被世人所知缘于1879年召开的柏林贸易展览会。此次展览会上，德国的电气工程学家维尔纳·冯·西门子演示了牵引客车的小型电力机车。顺便一提，当时它的时速只有13公里。

电力机车的能源利用率高，其在速度、牵引力、加速及减速方面均比蒸汽机车优越。到了20世纪，它广泛应用在城市铁路以及带有坡度的山岳线路上。最初使用的是 1500 伏左右的直流电，后来开始使用高压交流电。1903 年，德国西门子公司将其采用交流电的试运行电车的时速成功提高到 206.7 公里。

另外，1892 年，德国的机械工程师鲁道夫·狄赛尔发明了内燃机——柴油发动机（狄赛尔发动机），并将其用于机车。由于以液体燃料驱动发动机的柴油机车即使在没有输电网的线路上也能行驶，因此在地域辽阔的美国，柴油机车比电力机车更加普及。

随着铁路的发展，推理小说应运而生

据说铁路起源于中世纪的欧洲，当时是煤矿矿山使用的轨道。16 世纪初出现了木制轨道，装载着煤炭和矿石的货车由人或马牵引进行运输。

轨道最初是用橡树等坚硬木材建造的，但严重磨损后易于断裂，于是不久出现了在轨道表面用细长铁板黏贴加固的方法。这种方法到了 18 世纪后期逐渐演变成为真正的铁制轨道。

当时，较重的货物通过运河及大小河川船载运输，但如何将货物从港口运送至目的地则成为一道难题。于是有人设计出了马车铁路，即在路面铺设轨道、让马车行走其上的交通方式。它比普通的马车乘坐起来更加舒适，日本到了明治时代也开始普及马车铁路。

蒸汽机车发明后，铁路得到了迅猛发展，除了欧洲和北美大陆，还借列强的殖民地为中心推广至全球。1855 年巴拿马、1856 年埃及、1867 年印度尼西亚也都相继开通了铁路。

但是在殖民地修建的铁路，主要目的是将物资运往港口，并非旅客用的铁路网。现在除欧美以外，铺设有大规模铁路网的国家只有日本、中国、印度、南非等，屈指可数。

铁路网为各种技术的进步以及文化的发展做出了贡献。例如，就土木技术而言，不单是铺设轨道，连为开通铁路而修建隧道和铁桥的技术也随之提高。

此外，随着铁路的发展，人类的活动范围以及物资的流通范围不断扩大，以往以小型共同体为中心的社会扩大至全国性的规模。各种信息通过铁路运送的报纸和杂志传遍全国各地，适合在长途铁路旅行中阅读的推理小说等新型文学体裁也应运而生。

因日本领土狭小致使电车成为主流

日本的铁路历史始于 1872 年（明治 5 年），新桥－横滨铁路的开通运营为标志事件。当时从英国引进蒸汽机车，**轨道宽度采用窄于标准轨距的 1067 毫米**。这样做是基于日本领土狭小且窄轨铁路建设成本低等原因。现在日本铁路公司（JR）的在来线[①]以及部分私营铁路和

---

① 译注：与"新干线"相对，指一直沿用的旧铁路线。

地铁还在使用这种轨距。

日本最早运营的电车是1895年京都电力铁路的有轨电车。之后，名古屋和东京等地也开通了有轨电车。1904年，在之前蒸汽机车行驶的甲武铁路（现在的中央本线）上也开通了电车。

20世纪50年代，随着战后复兴，日本出现了各种高性能的电车。**最早引进马达、控制系统以及制动装置等新技术的并非国营铁路而是私营铁路**。帝都高速度交通营团（现在的东京地铁）的"营团300"系列电车即为先例。

经济进入高速发展期，不断有新型车辆投入使用，日本逐渐成为世界罕见的电车大国。特别要提一下，在日本，电车而非电力机车成为主流是有其原因的。

原本机车是牵引客车和货车行驶的动力车。因为只有领头的车辆（机车）能够提供动力，所以将使用机车的列车称为**动力集中式列车**（蒸汽机车也是如此）。与之相对，电车由多个装有动力装置的车辆组成，即使没有机车的牵引也能自动行驶。这种叫做**动力分散式列车**。

机车的分量极其沉重，本身并不适合地基脆弱的日本。另外，车辆折返时必须调头，在领土狭小的日本，确保调头用地是非常困难的。而且，机车还有提速慢、上坡时难以跑出速度的缺点。在日本，车站与车站之间的距离较短，弯路和坡道又多，因此加速和减速性能良好的电车使用起来更为便捷。

基于上述理由，在日本电车成为主流。随着研发技术不断提高，日本在高速铁路领域也处于世界领先地位。

时速超过 600 公里的超导磁悬浮列车

作为高速铁路的先驱，日本的新干线于 1964 年开始运营。当时的运营时速是 210 公里，曾是世界之最。不仅是速度，乘坐的舒适度和安全性也堪称世界最高水准。

新干线每年都会进行改良，速度不断加快，如今在东北新干线的宇都宫 – 盛冈段上运营的 E5 型"隼"号列车的最高时速可达 320 公里。

而后，**备受关注的未来高铁是磁悬浮式铁路，即所谓的磁悬浮列车。**它利用磁力产生的排斥力和吸引力使车体上浮并推动其行驶。德国和日本研发制造的磁悬浮列车已经分别在上海和名古屋投入使用。

现在上海和名古屋的磁悬浮列车使用的是普通的电磁铁，而日本的铁路综合研究所和东海旅客铁路公司正在开发的中央新干线（预计 2027 年投入运营）将使用能产生更强磁力的超导电磁铁。

因此这条铁路被称作**"超导磁悬浮"**铁路。在 2015年 4 月的载人试行实验中，它的时速达到了 603 公里，创下了世界最高速度的记录。

这条中央新干线预计在 2045 年全线开通，届时东京至大阪间的行程所需时间将从现在的 2 小时 20 分钟缩短到 67 分钟。

"铁路"小杂谈

运行着混合动力列车的铁路——"小海线"。

汽车中的混合动力车已经普及。实际上，JR 东日本（东日本旅客铁路）的"KiHaE 200 型柴联车"是混合动力的铁路列车。

该列车同时装载柴油发动机和蓄电池。发车时蓄电池中储存的电力驱动马达运转，这使列车的启动非常安静；加速时柴油发动机驱动发电机同步运转，提升马达的驱动力；减速时将车辆的动能转换为电力，逆向输入蓄电池中储存。

这种环保列车在连接小渊泽和小诸市的小海线上运行。

公元 1867 年

炸药

隧道、运河等巨大工程中的功臣。

是非不断的火药。

火药的使用可以追溯至中国的唐代。在欧洲，从 15 世纪左右的文艺复兴时期开始，火药就被用于土木工程的爆破。随着化学的发展，各种各样的火药应运而生。19 世纪时，人们研制出了爆破力极强的硝化甘油。

1867 年，瑞典的诺贝尔将容易控制火药用量的炸药和引爆用的雷管投入实际应用，在促进矿业发展和交通建设的同时，战争的受害者也增加了。

医药研究中诞生的副产物——火药

自古以来，火药作为武器被广泛使用。然而，在现代的矿业和土木技术中火药也是不可或缺的存在。倘若没有爆破用的炸药，战后日本的一大代表性工程——东海道新干线的铺设所需的隧道挖掘、用于水力发电的黑部第四水库的建设等都将难以实现。

用于爆破的炸药（dynamite）在 19 世纪才被发明出来，此前长达一千多年的时间里，人们所用的火药多是由木炭、硫黄和硝石（硝酸钾）混合而成的**黑火药**。

火药与指南针、活字印刷并称为中国的三大发明。中华文化自古就有一门研制长生不老药的学问——**炼丹术**。这类似西方的炼金术，称得上是具有某种魔法意味的早期化学研究。据记载，公元 650 年左右，唐朝的炼丹师孙思邈发明了将硫黄、硝石和烧焦皂角的混合物点火的技术，这也是有记载的最早使用火药的事例。

此后，从公元 1000 年左右开始，火药逐渐在中国推广使用，后传播到满族和蒙古族。13 世纪，成吉思汗率领的蒙古帝国军队手持火药武器从中亚一路攻打至欧洲。可以说正是在此过程中，火药技术从蒙古帝国经由中东传到欧洲。

日本人在 1274 年的"文永之役"中得知了使用火药的"步枪"这种武器。到了战国时期，日本也开始使用大炮与火枪，并制造了大量的火药。日本火山众多，不仅易于获得火药的原材料硫黄，而且还可以出口硫黄。但是硝石不易获得，所以要么从东南亚等地区进口，要么花费几年时间利用堆肥制成硝石。

火药史上的"问题儿"——硝化甘油

接下来谈谈除了武器以外的火药使用情况吧。公元

1050 年左右，中国在矿山爆破中使用了火药。

据记载，欧洲最早将火药用于土木工程是在 1481 年。当时在阿尔卑斯地区的公路拓宽工程中使用了火药。从 16 世纪左右开始，欧洲各国将火药用于开发矿山。直至近代，火药一直是价格高昂的贵重物品，因此不论是用作武器，还是用作烟花来庆贺喜事，只有财力雄厚的王公贵族才能拥有大量的火药。

然而，18 世纪工业革命开始以后，工业技术越来越发达，大量生产火药成为可能。与之前的黑火药不同的各种爆炸物被相继研发出来，其中就有 1846 年意大利化学家阿斯卡尼奥·索布雷罗研制出的液态**硝化甘油**。

在化学中，酸和醇脱水生成新化合物的反应叫做酯化反应。硝化甘油就是甘油（丙三醇）与硝酸发生酯化反应形成的化合物。因其具有扩张血管的功效，故而也用作治疗心绞痛的药物，但是又具有受到轻微撞击或加热便会引发强烈爆炸的属性。

索布雷罗在合成硝化甘油时，也曾因操作失误引起爆炸，导致脸和手被烧杯的碎片扎伤。索布雷罗认为硝化甘油使用和处理起来难度较大，因此不能作为爆炸物使用。尽管如此，仍有许多技术人员探索硝化甘油用作火药的可能性。

驯服硝化甘油的诺贝尔

著名的炸药发明家阿尔弗雷德·诺贝尔十分关注硝化甘油的研发。诺贝尔出生于瑞典，父亲伊曼纽尔是一名武器技师，在俄罗斯经营一家工厂，制造水雷等武器。1853 年，俄罗斯和土耳其之间爆发了克里米亚战争，伊曼纽尔借此大发战争财。阿尔弗雷德及其兄弟很早就参与父亲的事业，一起研究火药。

诺贝尔父子为使硝化甘油成为易于使用的爆炸物，反复进行试验。最终阿尔弗雷德找到了把硝化甘油浸入硅藻土中制成糊状的方法。这样一来，硝化甘油即使受到冲击也不易发生爆炸。

另外，这种叫 diatomite 的硅藻土，是某硅藻类浮游植物的残骸形成的泥状物，这种材料易于吸收水和油等。

使用硝化甘油还有一个问题：与黑火药不同，硝化甘油具有不用点火也可能爆炸的不稳定性。为此，阿尔弗雷德发明了引爆时必需的雷管。这种雷管被称为雷汞雷管。

所谓雷汞是指将水银溶化在浓硝酸中、再加入乙醇制成的结晶。它的特性是遇火或受到冲击时容易爆炸。将雷汞装入铜管，便是雷汞雷管。

诺贝尔将爆炸物和雷管组合起来制成炸药，并于

1867 年获得了专利。据说炸药（dynamite）一词是由希腊语中表示"力量"的"dynamis"与表示硅藻土的"diatomite"结合而成。尽管不及纯硝化甘油，但这种炸药的威力已经是以往火药的 45 倍。

诺贝尔的研究并没有止于炸药。1875 年，他利用胶状的硝化棉发明了**葛里炸药**。因其像黏土一样柔软，所以即使是窄缝或小孔中也可以注入使用。诺贝尔还发明了跟之前的黑火药爆炸后完全不同、几乎不会产生烟雾的**无烟火药**。

无烟火药采用的原料主要是从棉花中精炼出的硝化棉，因此也被称为棉火药。研究棉火药的不止诺贝尔一人，19 世纪末，英法等欧洲各国都展开了对棉火药的研究。

20 世纪诞生了比棉火药威力更强的、由三硝基甲苯制成的 TNT 炸药。

从炸药问世开始，火药的发展突飞猛进。

炸药协助完成了伟大的工程

炸药和葛里炸药被广泛应用后，矿业和土木工程也取得了飞速发展。此前**只能靠人力挖掘而困难重重的开凿坚固岩层和清理巨型岩石等作业都变得容易起来**。

最好的例子就是 1898 年贯穿阿尔卑斯山脉、连接瑞士和意大利的辛普朗隧道的开凿。该隧道长达 20 公里，但开工后只用了 8 年时间便竣工完成。在 1982 年之前，该隧道一直是世界上最长的隧道。

1903 年开始在中美地区开凿连通大西洋与太平洋的巴拿马运河。巴拿马地峡属于高海拔山地，开凿运河非常困难，但也在开工 11 年后竣工。

如果没有炸药，无论哪项工程都得花费更长的时间才能完成吧。

19 世纪末至 20 世纪，世界各地的铁路和重工业迅猛发展，铁矿和煤炭等矿物的开采量相比之前大幅增长。毋庸置疑，炸药的发明为资源开采及交通网的完善做出了巨大的贡献。

阿尔弗雷德的两个哥哥——罗伯特和路德维格也在这一历史时期烙印下了自己的名字。

他们与阿尔弗雷德一起推动了俄罗斯以南地区阿塞拜疆的油田开发，并且促成了世界上第一艘油轮的开航。

"死亡商人"诺贝尔的苦恼

以炸药发明为开端的火药改良为人类社会带来了巨大的进步，同时也带来了负面的影响。炸药和棉火药被当成武器使用，夺走了很多人的生命。

1870 年，以普鲁士为中心的德意志联邦与法国之间爆发了普法战争。在这场战争中，刚刚发明出来的炸药

◎辛普朗隧道

图为辛普朗隧道的意大利一侧。开凿时为了便于换气、排放渗水以及逃生，留出 17 米的间隔，同时挖掘了两条通道。

第一次大规模地用于军事目的，双方死伤人数总和超过40 万。

从这一时期开始，**英法等欧洲列强为了扩张在亚非各处的殖民地，发动帝国主义战争，源源不断地使用各种新研发的炸药及无烟火药等。**

阿尔弗雷德和他的父亲伊曼纽尔通过战争获得了巨大的利益，但是诺贝尔一家也成为火药研发的牺牲品。1864 年，瑞典斯德哥尔摩的一家工厂发生爆炸事故，包括阿尔弗雷德的弟弟在内 5 人死亡，阿尔弗雷德本人也被玻璃和木材的碎片所伤。据说阿尔弗雷德直到晚年仍对此事感到深深的懊悔。

晚年的阿尔弗雷德对自己的发明夺去了众多人的生命这一事实感到痛心疾首。出于阿尔弗雷德·诺贝尔赎罪的意愿诞生了诺贝尔奖。1895 年 11 月，阿尔弗雷德用自己的财产设立了基金，并留下遗言授意要用这笔钱每年所得的利息奖励那些为人类做出贡献的人。

于是，从炸药这一科技史上的伟大发明中获得的利益逐渐被有效地用于后世的科学发展。

"炸药" 小杂谈

超越火药武器，拥有巨大威力的原子弹诞生了！

进入 20 世纪，随着物理学的发展，1938 年人们发现了铀的核裂变。

与火药制成的炸弹不同，利用核裂变产生的巨大能量制成的武器叫做原子弹。

战时曾是医学系学生的作家山田风太郎在其日记中写道：战争结束前，教授告诉大家广岛被投掷的是原子弹。这说明似乎当时的日本理科学生已具备关于原子弹的知识。

第二次世界大战之后，又诞生了利用核聚变反应产生的能量制成的威力更强大的氢弹。

公元 1869 年

塑料（合成树脂）

自然界中不存在的物质。
给衣、食、住带来变化。

进入 19 世纪，化学技术快速发展，自然界中的各种物质经过人工组合形成了新的物质。1869 年，美国人发明的赛璐珞作为工业材料被广泛应用。

1884 年，人造丝线嫘萦诞生了，它和赛璐珞都以植物为原料。而到了 20 世纪，人们相继研发出了以煤炭和石油为原料的各类合成树脂。造价低廉且可任意改变形状的塑料伴随着工业的发展应用于各类场所。

橡胶和化学纤维也是塑料？

昭和①中期以前，日本人多用涂漆的木碗盛酱汤，用金属制成的水桶盛水。跟这些物品类似，过去常用的木

---

① 译注：昭和是日本天皇裕仁在位期间使用的年号，时间为 1926 年 12 月 25 日至 1989 年 1 月 7 日。

制品和金属制品，如今都换成了廉价轻便的塑料制品。每个人家里都有塑料制品吧。

塑料作为工业材料，其最大的特点是**可以像黏土那样在加工过程中自由改变形状、并能保持该形状**。这就叫**可塑性**。塑料的英文"plastic"来自于希腊语"plastikos"一词，即"用黏土等柔软的材料塑成某种形象"。

塑料难以定义且种类繁多。首先它可以分为天然树脂和合成树脂。那么，树脂是什么呢？

答案就是：树脂是从植物中流出的树液凝固而成的物质。例如天然漆、清漆、松脂等都是树脂。琥珀也是古代树脂石化形成的，被称为天然树脂。

通常我们把石油制成的合成树脂叫做塑料。但是，事实上也有用天然树脂制成的塑料。例如，昭和时期制造玩具及日用品中经常用到的赛璐珞就是用植物原料制成的塑料。

合成树脂分为热塑性树脂和热固性树脂。热塑性树脂像蜡烛的蜡一样，受热熔解、遇冷凝固。如塑料袋等聚乙烯产品就是典型代表。而热固性树脂就像烧制陶器那样，加热后方可凝固。常见的靠垫使用的聚氨酯即为代表。

日本的工业标准将热塑性树脂和热固性树脂定义为塑料，而在欧美国家，石油制成的合成橡胶以及尼龙等合成纤维也被称为塑料。若将塑料制品定义为"人工合成树脂所制的产品",那么此类产品几乎涉及家中所有物品。

最早的塑料制品是"台球用球"

近代最早投入实际使用的塑料是刚刚提到过的赛璐珞。

美国南北战争结束后,台球成为民间十分流行的娱乐活动。当时的台球用象牙制成,造价高昂,因此需要寻找可替代的制作材料。1869 年,爱好发明的印刷工人约翰·卫斯理·海厄特用赛璐珞制成台球。其主要原料是构成植物细胞壁的**纤维素**(cellulose)。

天然树脂与合成树脂在化学上均属于**高分子化合物**。成千上万个分子像锁链一样连接起来,形成了高分子化合物。例如,纤维素的分子由 6 个碳原子、11 个氢原子和 5 个氧原子构成,而众多这样的分子结合就构成了纤维素。除纤维素以外,天然高分子化合物还包括淀粉、蛋白质以及构成天然橡胶的异戊二烯等。

在纤维素与硝酸反应生成的硝化纤维(硝化棉)中加入从樟木精油中提取的樟脑,可以制成赛璐珞。这种新材料耐水耐油、造价低廉、质量轻便,且又易于着色成形,因此成了日用品的生产材料,逐渐得到广泛应用。

1887 年,美国的技术工人汉尼拔·古德温将以往相片底片上的感光玻璃板换成了赛璐珞,这一技术获得了影像产品制造商伊士曼·柯达公司的认可,得以推广。

除此之外,用赛璐珞制成的产品还有乒乓球和赛璐珞动画等。日本从明治末期开始成为世界上首屈一指的赛璐珞生产国。

◎用赛璐珞制成的乒乓球

2014 年之前,正式的乒乓球比赛使用的是赛璐珞制成的球,现在的比赛用球则是由合成塑料制成的。

制造赛璐珞的原材料之一樟脑是台湾地区的特产,中日甲午战争结束后,日本侵占了台湾,因此樟脑变得非常容易被日本获得。第二次世界大战以前,日本生产的赛璐珞制品一度远销以美国为主的世界各国。

　　但赛璐珞有一大缺点，怕热易燃。赛璐珞制品曾出现过遇到高温自燃的情况；比如电影院中使用的赛璐珞制成的胶片，多次发生因放映机发热而起火的事故。因此赛璐珞制品慢慢被淘汰了。

　　取而代之的是用纤维素和醋酐制成的可燃性低的醋酸纤维（醋酸盐）。现在醋酸纤维除了是一种化学纤维材料，还可用于制造绝缘体和液晶偏光板等。

具有易燃缺点的嫘萦

　　在赛璐珞之后出现的合成树脂制品是 1884 年发明的化学纤维——嫘萦（人造丝），同样是以纤维素为原料制成。

　　用蚕丝制成的丝织品在纤维制品中极其稀少且价格昂贵。因此，在 19 世纪，许多科学家开始尝试研发人造的丝线。其中法国的路易·夏尔多内发明出将硝化纤维溶于酒精、再从极其细小的孔中将纤维素拉出的方法。

　　就是这样制成的嫘萦，拥有天然丝绸般美丽的光泽，还有吸湿性好、易于染色的优点。嫘萦在 1889 年的巴黎世博会上展出并获得大奖。但是，它与赛璐珞一样易燃。人们穿着嫘萦做饭和抽烟时遇火引起火灾的事故相继发生，于是夏尔多内针对这一点进行多次改良。

　　早期的嫘萦为了提取纤维素使用了与蚕饲料相同的桑叶。不久，人们发现任何一种植物都可以作为提取纤维素的材料，于是便开始使用成本低廉的普通木浆。

在日本，嫘萦被称为人造丝，简称人丝。从大正时期开始，秦逸三创立的帝国人造丝公司（现帝人）就已生产嫘萦。由木浆和氢氧化钠反应生成的粘胶纤维编织而成的纤维制品被称为人造棉（简称人棉）。二战前，日本和德国的日常衣物大量使用人棉，但因结实性较差，故而成为廉价品的代名词。

偶然发现的酚醛树脂

进入 20 世纪后，人们不再使用取材于植物的高分子化合物，纯人工的合成树脂登上历史舞台。最先出现的是比利时裔美籍科学家列奥·贝克兰在 1907 年制造的**酚醛树脂**。

贝克兰在研制新型涂料时发现，将苯酚（石碳酸）与甲醛混合后会形成像松脂一样茶色透明的树脂状物质，并且加热后会凝固。若以塑料类型而论，**它属于热固性树脂**。贝克兰并非刻意想要制作合成树脂，而是在无意中发现了这种产物。

这种酚醛树脂放入模具中可以自由成形，又不易燃，而且还有很强的耐药性，被贝克兰命名为"贝克莱特"，实现了商品化销售。与天然树脂相对的"合成树脂"一词，也与"贝克莱特"同时出现。

顺便一提，酚醛树脂的原料苯酚也被称为**石碳酸，**

现在一般是将石油提炼的煤焦油分级蒸馏后制取获得。

酚醛树脂作为耐热硬塑料的代表，广泛应用于餐具和烹饪用具的手柄、电器的绝缘体和开关、个人计算机的键盘等。

因为战争中止进口转而自主研发的产物：尼龙

酚醛树脂被发明后，又出现了各种各样的合成树脂，其中不可被忽视的要数最早的合成纤维——尼龙。

20世纪30年代，日本的人造棉（人棉）产量位居世界第一，日本一度是棉、丝等纤维制品出口产业的中心。大量进口日本纤维制品的美国，其本土也在进行相关的生产活动。第一次世界大战中迅速发展起来的大型化学产品制造商美国杜邦公司不断推进关于廉价合成纤维的研究。

杜邦公司当时聘请了高分子化学专家华莱士·卡罗瑟斯。为了研制出在耐热性、伸缩性、坚韧性等方面具有理想属性的高分子化合物，卡罗瑟斯经过反复试验，**最终使用从脂肪分子中分解出来的己二酸和己二胺，成功合成尼龙这种优质纤维。**

1938年，尼龙开始进行商业化宣传，广告语颇为吸引人："用煤、空气和水制成的纤维，像钢丝一样结实，像蛛丝一样纤细。"

二战爆发后，日美两国关系恶化，美国停止从日本进口纤维制品，转而自行研发，逐渐开始大量生产尼龙。从女性丝袜到军用帐篷再到降落伞，柔软结实的尼龙被广泛应用，成为战后取代蚕丝的主要纤维制品。

随着制造合成树脂的高分子化学研究的不断发展，因十分坚固而被用于飞机机身制造的碳纤维增强塑料，以及能够承受 500 摄氏度高温而不融化的聚酰亚胺等材料先后问世。现在，各种各样的合成树脂正在被不断研发和投入应用。

"塑料（合成树脂）"小杂谈

已有白色污染问题的解决对策？
生物可分解树脂。

塑料最大的缺点就是一旦成为垃圾后无法被自然分解，若加以燃烧又会产生一种叫做二噁英的有害物质。

为此，人们正在研制生物可分解塑料（绿色塑料）。绿色塑料能像木材和纸制品那样，可以通过微生物分解成为水和二氧化碳。

制造生物可分解塑料的材料，有从植物中提取的淀粉，也有与赛璐珞一样的纤维素等。现在人们逐渐开始使用从石油中提取的高分子化合物来制作生物可分解塑料。

电话

专利之争终于尘埃落定？

从 18 世纪下半叶开始，电的属性逐渐为人所了解。1820 年左右，人们开始尝试用电来传递信息。19 世纪 40 年代，摩尔斯电码通信开始普及。到了 19 世纪 60 至 70 年代，在世界范围内瞬间传递信息得以实现。

1876 年，用电传递声音的电话在美国诞生。电话网铺设后，实时通讯促使经济活跃发展。可以说电话的发明是第二次工业革命的开端。

从烽火与旗语到电信时代

我们的日常交流离不开会话。但是，人们说话的声音充其量只能传到几米外，即便大声呼喊，也不会超过几十米。

但是，若用眼睛看的话，即使在百米之外也可知道对方在挥手。古时候的烽火，是利用篝火产生不同形式的烟雾来传递信息；现在海上航行的船舶仍在使用**旗语**交换信息。这都是借助视觉进行的通信。

从江户中期到大正时期，大阪堂岛的大米市价是日本国内米价的标准，为了向日本全国传达大米行情，人们需要频繁使用旗语传递信息。信号员在视线良好的山顶处挥动一面大旗，相隔十几公里外的人们借助望远镜就能看见。据说用这种方法可向日本各地传达米市行情，比如信息从大阪传到冈山最快只需 15 分钟。

在风平浪静的海上，或是天气晴朗时隔着江河峡谷，挥旗传语虽然也能发挥传递信息快的优点，但是遇到恶劣天气，这种传播手段就无法施展了。

到了 18 世纪中期，人们对电的特性有了更深的了解，"远距离隔空喊话式的传递信息方法"被彻底颠覆了。电的传导速度非常快，媲若光速，一秒钟可以绕行地球七圈半，接通或关闭电流的刹那人类几乎感受不到。因此，利用电传播信息，就算相隔数百公里，即使山川河流再迂回曲折，也不在话下。

19 世纪，人们开始研究如何利用电压或电流的变化实现通信。1846 年，摩尔斯电码通信被广泛使用，即用所谓的"滴答式"摩尔斯电码进行信息交流。此后，电信快速普及。1866 年，横贯大西洋的通信电缆铺设成功，使北美与欧洲之间及时无误的电力通信成为可能。

电信的出现把世界的距离一下子拉近了。从 19 世纪下半叶开始，通信行业、报纸和新闻出版也变得繁荣起来。

但是，当时的电信只能传达文字。就像现在的我们感觉只有文字的邮件略显乏味、无法很好地传情达意一样，那时的人们开始追求不只有文字而且也能包含情感的语音通话。

很早就对声音传递感兴趣的贝尔

声音就是空气的振动。例如人说话的声音相当于 1 秒内空气振动 300—700 次。将说话声或歌声的振动转化为指针的振动，并将其用波浪线的形式记录**在涂有煤灰的纸上，这就是早期的录音机（留声机）工作的原理**。1857 年，法国的爱德华·莱昂·斯科特发明了声波记振仪。

亚历山大·格拉汉姆·贝尔对这台装置十分感兴趣。贝尔小的时候，他的祖父、父亲和兄弟从事的都是与辩论和演讲有关的工作，但母亲却患有听觉障碍，随着病情加重，渐渐丧失听力。有此经历的贝尔对音响学、人的发声及听觉、声音传播等方面进行了研究。16 岁时，贝尔在一个人偶上安装了与人的喉咙和肺部结构相似的人工装置，成功地使人偶发出几个单词音节。

贝尔设想，若是能像声波记振仪那样用波浪线来记录声音，那么"将声音制成电波传向远方，应该可以再次形成声音"。1874年，贝尔开始利用小形的金属片（弹簧片）进行电力传导声音的实验。

"华生先生，请到我这里来！"

人们大都知道贝尔发明电话的趣闻，但事实的真相却更加精彩。

1876年3月10日，贝尔在进行电话实验时，不小心将药品溅到了自己的裤子上，他下意识地大声呼叫在隔壁房间里的助手华生（托马斯·A·华生）。

"华生先生，我需要你，请到我这里来！"

这句从华生面前的电话接听器中传出来的清晰声音，成为世界上第一个通过电话传送的声音。

然而，真实情况是当时在实验中使用的电话并非贝尔的发明，而是美国的技术人员伊莱沙·格雷的杰作。贝尔的这句话只不过验证了格雷发明的电话具备通话功能。

有趣的是，早在1876年2月14日，贝尔率先申请了电话专利。就在贝尔递交申请两小时后，格雷也递交了申请。很多人以为最终贝尔获得专利的承认，是"**因为贝尔先提出申请，所以他的专利得到承认**"。其实并不是这样，根据当时的美国专利法，专利应授予率先发明（完成制作）的人。

尽管，传出"华生先生"这句话使用的是格雷发明的电话，但贝尔在提出申请之前，就证明了自己已完成电话的发明。最终，1876年3月7日，贝尔获得了专利权。

◎用电话说话的格拉汉姆·贝尔（1876年）

图片来自1926年公开的AT&T[①]的宣传影片

当时的美国刚刚结束南北战争，社会好不容易稳定

① 译注：美国电话电报公司。

下来，来自欧洲的移民不断增多。凭借丰富的劳动力以及电信和铁路网的扩展，美国的工业水平得到了爆发式的增长。

贝尔本人也在各地进行公开演示，使他的电话系统顺利普及开来。

而在专利之争中输给贝尔的格雷，在那之后依然坚持发明与电力相关的产品。1890年，他发明了传真电报机，这是传真机的原型。

贝尔之前就已存在电话的发明者！

事实上，贝尔获得专利的 5 年前，即 1871 年，另有他人获得了电话的专利权。此人就是当时住在美国纽约的意大利发明家安东尼奥·梅乌奇。

据说早在贝尔发明电话 20 年前，即 1854 年左右，梅乌奇就已制作出了电话。梅乌奇利用自学的电学及传声筒的知识制作完成了**电子语音传送装置**（电话）。

梅乌奇最初发明这个装置，是为了在蜡烛制造公司的办公室上班时能与家里卧病在床的妻子通话。因此他并没有将它作为一项发明而进行大肆宣传，也没有去申请专利。

后来，梅乌奇的蜡烛制造公司倒闭了。在朋友的劝说下，梅乌奇觉得先获得电话的专利权，然后再将其卖给其他公司来赚钱是个不错的主意。可是当时的梅乌奇甚至连申请专利的费用也拿不出来。

即便如此，他还是想方设法凑足了钱，并于1871年申请了专利。然而，这个专利权是暂时性的，若想获得永久的权利必须每年支付更新费。因为不能支付足够的更新费，梅乌奇的电话专利权在1874年失效了。两年后，贝尔获得了此项专利权。

梅乌奇认为贝尔的专利权无效而提起诉讼，但他唯一可以作为证物的电子语音传送装置当时已被卖到了旧货店。

结果，1887年，法官模棱两可地判定"机械式电话的发明者是梅乌奇，**电子式电话的发明者是贝尔**"，以贝尔的胜利结束了这场诉讼。此后的一百多年里，除了梅乌奇的母国意大利外，其他国家都认可"**电话的发明者是贝尔**"。

近年来有很多教科书上重写了这一历史事件（尤其是年份）。关于电话的发明者一事，2002年6月，美国议会声明"安东尼奥·梅乌奇作为电话发明者的事实应该得到承认"。梅乌奇的名誉得以恢复。

至今仍在上演的电话公司兴衰录

与贝尔争夺电话发明专利的格雷，此前成立了一家电器公司——西方电子。

但是，他把持有的股份全部卖给了当时的电信公司，即现在金融业的大型企业集团——西联汇款。另外，格雷还把与贝尔的电话专利相关的终止申请权也卖给了同一家公司。

1877 年，贝尔成立了贝尔电话公司。围绕着电话的专利权，贝尔电话公司与西联汇款之间纷争不断，但随着最终判决的生效，西联汇款退出了电话市场。1881 年，贝尔电话公司收购了开发和销售西联汇款电器产品的西方电子公司。

此后，贝尔电话公司成为世界上第一家长途电话公司——AT&T（美国电话电报公司），至今仍是全世界通信行业中举足轻重的存在。

颇具讽刺意味的是，曾经由格雷的西方电子公司研制出的集麦克风和扬声器于一体的话筒以及按键式电话等，却是通过贝尔的电话公司发扬光大的。

后来这两家公司的研发部门从原公司独立出来，合并形成了"贝尔研究所"。该所在科学、工学、电信等多个领域进行基础研究，为科技的发展做出了巨大的贡献。

在现今全世界的通信网络中，贝尔完成的"电话系统"依然根深蒂固。

"电话"的关键人物

虽然身为发明者，但自己的书房中却没有安装电话！

作为科学家、发明家和工程学家而广为人知的贝尔，除电话以外还留下了各种各样的其他发明。

然而这样的贝尔却坚决不要在自己的书房中安装电话。

这大概是因为虽然贝尔十分了解电话的重要性，但仍觉得在读书和沉思的书房中打电话会成为干扰吧。

据说他本人曾经开玩笑地抱怨说："为什么要发明出电话啊！"

亚历山大·格拉汉姆·贝尔
（1847—1922）

飞机

几对兄弟实现空中飞行梦想的故事。

　　想在空中自由飞翔！这是人类从见到鸟儿的那一刻起，心中一直描绘的梦想吧。然而不论是滑翔机还是扑翼机，都没能实现人类的这一理想。18世纪末，孟格菲兄弟的热气球成功飞行加速了人们研发飞机的步伐。尽管不为世人所认可，但这一时期日本人也在为此积极努力。

　　1903年，莱特兄弟的载人动力飞行试验取得成功。如今已经过去了一百多年，人类对于飞翔的梦想仍在延续。

从达·芬奇的设计图开始

　　一提起飞机的发明，最先想到的应该就是莱特兄弟的名字。但是人类对于天空的向往从很早以前就已经开始了。或许从人类第一次看到鸟儿在空中自由飞舞的身姿时，就拥有了飞上蓝天的梦想。

希腊神话中有这样一则有名的故事：传说伊卡洛斯用蜡将鸟的羽毛固定做成双翼，从被囚禁的塔中逃离出来。但因为伊卡洛斯飞得太高，离太阳过近，蜡遇热融化，结果他从空中坠落丧生。尽管这个神话故事作为一条告诫流传下来，但正表明了**想在空中飞翔的梦想自古就有**。

最先细致观察鸟类的飞行情况并试图用科学的方法再现的人是列奥纳多·达·芬奇。1490 年，达·芬奇绘制的**扑翼机（扑翼式飞机）的设计图**可以说是世界上最早有关飞机的构想。然而它并非倚靠人力在空中飞行。

此外，达·芬奇还留下了直升机（旋翼）的构思草图。另有记载，中国早在公元前就制作出了类似现在的竹蜻蜓那样的玩具。

像滑翔机那样可以在空中滑行的机器，以及用手投掷飞行的纸飞机，在更早以前就已经存在了吧。

或许古人也注意过飞鼠和鼯鼠等会滑翔的动物吧，因而狩猎用的回形镖自古就有。即便如此，真正空中飞行技术的发展进步是从 18 世纪的末期开始的。

最早飞上天空的是气球

人类最早的载人飞行是由法国的孟格菲兄弟利用热

气球实现的。哥哥米歇尔发现炉火上方的空气会上升这一现象，于是叫来弟弟艾蒂安一起制作了一个巨大的热气球。

1783 年 11 月 21 日，载人飞行成功。热气球搭载了两位公爵，飞行高度为 910 米，在法国巴黎的上空飞行了大约 9 公里，飞行持续了 25 分钟左右。而在此之前一个月，载人热气球才首次成功悬浮在空中。

在孟格菲兄弟研究热气球载人飞行的同一时期，利用氢气的氢气球也被研发出来。仅在热气球载人飞行试验的 10 天后，同样在法国巴黎进行了氢气球的载人飞行试验，此次飞行历时 2 小时 5 分钟，飞行距离为 36 公里。

成功研制出氢气球飞行器的是法国物理学家雅克·查理和技术工人让·罗伯特、路易·罗伯特两兄弟。另外，雅克·查理的名字还被用来命名气体受热膨胀的规律，即"查理定律"。次年 9 月，搭载有罗伯特兄弟的氢气球成功飞行了 186 公里。

日本人率先利用滑翔机飞行

在热气球和氢气球飞行器成功飞行 2 年之后，备前（现在的日本冈山县）的一名裱糊匠试图将其对天空的向往变为现实。**他研究鸟类的身体，测量其翅膀及躯干的重量，以竹子、布料和纸为材料，用裱糊技艺制作出**

了滑翔机。

此人名叫浮田幸吉。虽然他试验滑翔成功，但迫于社会舆论，他又不愿停止研究，最终他被逐出了藩地。据说他后来搬到了骏府（现在的静冈市）再度进行滑翔试验。这在尚处于江户时期的当时社会，浮田应该被视作一个大怪人了吧。

历史上还有两人进行了滑翔机的飞行试验。一位是公元 875 年，伊斯兰势力下的后倭马亚王朝（现在的西班牙和葡萄牙）的阿拔斯·伊本·弗纳斯，另一位是 11 世纪英国马姆斯伯里的修道士埃尔默。遗憾的是，他们的滑翔机在实验中都发生了坠落事故，两人均身负重伤，实验失败。

相传在 17 世纪的奥斯曼帝国（现在的土耳其）有一个叫哈扎芬·艾哈迈德·切莱比的人，他从伊斯坦布尔的加拉太塔（塔高约为 67 米）上跃起，滑翔距离超过 3 公里。但这个传闻的可信度并不高。

此外，另有传言称 1633 年，哈扎芬的弟弟拉加里·哈桑·切莱比乘坐火箭（利用火药的推动装置）飞到了大约 30 米的高空，但这件事也没有史料记载。不论是哈扎芬的滑翔，还是拉加里的火箭，都只见于旅行家所写的游记，因而有可能都是虚构的。

滑翔成功的第二个实例也是日本人。但虽说是日本，实则事情发生在 1787 年的琉球王国（现在的冲绳县）。

在冲绳岛南部的南风原，有一位名叫安里周当的焰火师，技艺十分高超。据说安里在反复进行各种试验之后，终于制成了滑翔机，并且实现了空中飞行。

尽管安里制作的滑翔机没有保存下来，但是 1999 年，当地的志愿者制作出和原物同样大小的复制品，并且成功进行了滑翔试验。安里的滑翔机好像原本想要设计成扑翼机，而它实际上却无法扑翼，滑翔时似乎要耗费很大力气。

安里周当被称为"飞翔安里"，**也有人说他的飞行完成于 1780 年。倘若这个说法准确的话，那么这就是比孟格菲兄弟还要早的"世界首例载人飞行"了。**

现在公认的世界首例滑翔机飞行记录是 1891 年由德国的李林塔尔兄弟创造的。哥哥奥托·李林塔尔和弟弟古斯塔夫·李林塔尔研究空气动力学，发明了滑翔机、扑翼机和双翼机等。奥托从 1891 年开始试验，到 1896 年飞机坠落身亡，期间二千多次成功完成载人飞行（滑翔）试验。

从乌鸦身上得到启发而绘制出设计图的日本人

莱特兄弟继承学习了李林塔尔有关空气动力的研究经验及其飞行记录，之后研发出载有引擎的飞机。在此之前，先介绍一下日本也曾出现过的空际挑战者。

1889 年，爱媛县出身、当时正在日本陆军（大日本帝国陆军）服役的二宫忠八，**因为看到飞翔的乌鸦而开始构思飞行器，并于次年制作出模型，这是一架可以实际飞行的先进模型。**

这个被称为"乌鸦型飞行器"的模型与现在小型飞机的基本设计样式雷同，即飞机单叶（翼）采用上反角的构造。它拥有水平尾翼和垂直安定面，机体下方装有起飞和降落所需的 3 个机轮，还有 4 片利用橡皮筋驱动的螺旋桨来为飞机提供推动力。

1891 年，此模型利用自身动力滑动 3 米后，又成功飞行了 10 米的距离。驱动用的橡皮筋使用的是听诊器上的橡胶管，这成了与当时在陆军医院工作的忠八十分相符的一则趣闻。

1893 年，忠八以载人飞行为目的设计出了"玉虫型飞行器"。为此，忠八特别与上级军官探讨后续"玉虫型飞行器"的制造事宜，却遭到驳斥，无奈只能一时放弃。但是他之后设法自行筹措资金，继续进行飞行器的制造与改良。

后来，忠八正要制造与莱特兄弟的"飞行者一号"一样的 12 马力的发动机时，却偶然得知莱特兄弟飞行成功的消息。他失意至极，中断了"玉虫型飞行器"的制造。

顺便一提，1991 年，完全按照忠八所绘设计图制造的复原模型机成功完成了载人动力飞行。这说明忠八设计的"玉虫型飞行器"也是成功的。

"飞机"的关键人物

创建飞行神社，专为宇宙工作者祈愿，同时担任神社主祭。

忠八放弃制造"玉虫型飞行器"十多年后，军队对忠八的技术与研究给予很高的评价，并且对他进行了表彰。

如今，像在"隼鸟2号"等发射前，人们为祈愿宇宙和航空工作者获得成功而去参拜的"飞行神社（京都府八幡市）"也是由忠八创建的。

据说为了告慰航空事故中牺牲者的亡灵，忠八投入个人财产创建了这个神社，并且担任主祭一职。

此外，1997年，在爱媛县的天文台发现的一颗小行星也是以忠八的名字命名的。

二宫忠八
（1866—1936）

实现动力飞行40年后，战斗机驰骋蓝天

1903年12月17日，世界首例载人动力飞行宣告成功。毫无疑问，这是由美国的莱特兄弟创造的纪录。

19世纪末，美国社会陷入在淘金热潮中，横贯北美大陆的铁路刚开通不久，装载着汽油引擎的汽车穿梭于大街小巷。与此同时，人们也开始期待能够载人的飞行器早日诞生。

早前从事过滑翔机制造的哥哥威尔伯·莱特和弟弟奥维尔·莱特在听到李林塔尔死于飞行事故后，将完善飞行器树立为自己的目标，全心投入到研究开发工作中。

莱特兄弟的研发方法是**先完成滑翔机的外形制作与**

操作方案，再装载动力装置。这与一般先制作发动机模型，再将其大型化的研发方法不同，并且莱特兄弟的方法取得了成效。另外，他们还经营着自行车店，可以随意取用自行车的链条等器具。同时他们的研发资金也已筹备妥当，因此可说是天时地利人和。

莱特兄弟在反复操练熟悉滑翔机的操作技术后，1903年12月进行了首次飞行试验。前后累计成功飞行了4次。

然而，事与愿违。在当时，飞行器的研发由军队主导，而莱特兄弟只是普通的百姓；同时还有他们的竞争对手参与其中，致使莱特兄弟的技术遭人窃取，故而令这份荣誉蒙上了阴影。

1909年，莱特兄弟创立了莱特公司，主营飞机制造，但1915年他们又将其出售。之后，莱特公司几经周折成为了洛克希德·马丁公司，至今依然是飞机行业的领头羊。

现尝试对这些向天空发起挑战的历史事件和人物进行个总结：

· 1783 年	热气球	孟格菲兄弟
· 1783 年	氢气球	雅克·查理、罗伯特兄弟
· 1785 年	滑翔机	浮田幸吉
· 1787 年	滑翔机	安里周当
· 1891 年	滑翔机	李林塔尔兄弟
· 1893 年	动力飞机 (设计)	二宫忠八
· 1903 年	动力飞机	莱特兄弟

◎**莱特兄弟的首次飞行的瞬间（1903 年 12 月 17 日）**

照片由海难救助所所员约翰·T·丹尼尔斯拍摄，他是当时的参观者之一，受同是摄影家的弟弟奥维尔·莱特所托，拍摄此照。现收藏于美国国会图书馆莱特兄弟档案室。

　　欧美历史上这些成功的飞行事例证明了"兄弟同心，其利断金"。而日本的挑战者多是一个人，终此一生也未能获得令人赞许的荣誉。

　　飞机的开发不仅需要资金和人才，想象力和技术水平所能达到的高度也至关重要。已有这样的事例：一个善于向鸟类等自然事物学习并且对天空怀有强烈憧憬的哥哥和一个脚踏实地进行研发和资金筹措的弟弟，他们分工明确，各司其职，最终取得成功。

　　在莱特兄弟研发的"飞行者一号"问世之后，飞机

慢慢开始朝武器的方向发展。最开始，人们谋求提高小型战斗机的操作性能以及发动机的输出功率，接着试图将研发出的大型客机改良为运输机和轰炸机。性能卓越的飞机彻底改变了战争的局面。

最后，介绍一下日本的新式飞机吧。

本田喷气机实现了本田创始人——本田宗一郎研发飞机的梦想，它是具有独特设计理念的小型商务喷气式飞机，从 2015 年开始上市销售。

此外，三菱飞机研发的日本首架喷气式客机 **MRJ** 也备受瞩目。它的最大特点是低噪音、低燃耗（比以往的飞机节能 20% 以上），曾计划于 2015 年秋季进行首次试飞。

◎本田喷气机的模型

实现了本田宗一郎梦想的小型商务喷气式飞机。2015 年开始投入使用。

公元 1928 年

青霉素

从偶然事件中发现的神奇特效药。

在历史上，传染病曾是人类生存的最大威胁。一旦爆发全球性规模的传染病，数千万人的性命就会在短时间内逝去。人们通过接种预防疫苗和改善卫生环境来对抗传染病，但对已经侵入人体的细菌却没有有效的治疗手段。

1928 年，英国的弗莱明发现了能够杀死人体内有害细菌的青霉素。第二次世界大战后，人们偶然从一次失败的试验中发现了抗生素，拯救了千万感染了致病细菌的生命。

微生物才是人类最大的敌人

人类最大的敌人并非未知的怪兽或外星人，毕竟那些攻击或侵略造成的死亡只会出现在艺术创作中。如果依据死亡人数来衡量威胁程度，人类最大的敌人毫无疑问是感染性疾病。

早在公元前的天花流行时期，天花肆虐最猖獗的 50 年间，世界人口减少到原有的八分之一。再者，东罗马帝国时期流行的鼠疫曾导致每天死亡一万人；14 世纪暴发的鼠疫（**黑死病**）仅在欧洲就夺走了 2500 万人的生命，这个数字占其人口总数的三分之一，而全世界共有 8500 万人死于这场瘟疫。

据说中美洲文明的湮灭并非因为西班牙人的侵略，而是欧洲人带来的天花使阿兹特克和印加失去了九成以上的人口，当地人的作战能力几乎丧失殆尽。

即使到了近代，在结核病的大流行时期，一年有 400 万人因病死亡；1918 年的西班牙流感（新型流感）造成全世界 4000 万人死亡。

另外，日本江户末期霍乱盛行，到明治初期，总共爆发了三次死亡人数多达 10 万人的疫情。据统计，第二次世界大战中牺牲的士兵总数为 2200—2500 万人，由此人们才意识到肉眼看不见的病原体引发的感染性疾病其杀伤力不可小觑。

时至今日，病原体引发的感染性疾病依然是人类的一大威胁。世界卫生组织（WHO）2003 年（当时世界人口约为 62 亿）的**调查数据显示，在 5700 万个死亡案例中，排名第一的致死原因是微生物感染，共有 1500 万人因此身亡**；排名第二的是心血管疾病，共导致 880 万人死亡。两个数据差异甚大。

引发感染性疾病的病原体包括病毒、细菌、真菌（霉菌）以及寄生虫等微生物。感染性疾病大流行都是由病毒或细菌引发的，例如引发天花的是天花病毒、引发鼠疫的是被称为鼠疫杆菌的肠内细菌、引发结核病的是结核杆菌、引发流感的是流感病毒，诸如此类。

此外，尽管也有真菌引起的感染性疾病，但直接致人死亡的情况较少。而寄生虫引发的感染性疾病多发生在中间寄主的身上，因此不太会引发世界性规模的传染疾病。

人类与感染性疾病的抗争史

在尚不知晓治疗方法的时代，人们就凭借经验得知最令人恐惧的天花具有极强的免疫性。因为得过一次这种疾病并且痊愈的人不会再得第二次。

中国古代有将天花患者的脓液敷着到健康人的皮肤上，使其轻微发痘从而获得免疫的预防方法。18 世纪的英国和美国也采用类似的方法。但这种接种预防的办法造成的死亡率高达 2%。

1798 年，英国的医学家爱德华·詹纳从牛的牛痘中发现了天花疫苗，用其接种预防的有效性获得认可后，全世界都开始采用这一方法，这使天花患者的数量急剧减少。1980 年，天花被彻底消灭的消息公布于众。现在，除了在部分医疗研究设备内，天花病毒在地球上已不复存在。

鼠疫曾经是人类的另一大威胁。这原本是在老鼠和兔子等啮齿类动物间传播的一种疾病，在黑鼠中特别流行。跳蚤吸食了携带鼠疫杆菌的黑鼠血液，再吸食人类的血液就会将鼠疫传染给人类。此外，感染鼠疫者的咳痰中都携带鼠疫杆菌，因此在狭小的空间内也会通过空气传染此病。

在鼠疫爆发的 14 世纪，由于致病原因尚不明确，还爆发过抓捕女巫等大规模的镇压活动。当时有些家庭饲养家猫，因此老鼠较少，没有了鼠疫传播的媒介，这些家庭发病情况也少，但是这些户主却被当成恶魔的使者遭到迫害。

不久，人们得知鼠疫容易在不卫生的环境中爆发，于是采取了消灭老鼠、给污水消毒等措施，试图改善卫生状况。直到 19 世纪，鼠疫才终于平息下来。

无法遏止的细菌感染

当时，由病毒引发的感染可以通过接种疫苗来预防。而对于细菌引发的感染而言，最佳的治疗方法只能是"避免引起更严重的感染病症"。一旦出现细菌感染，人们会采取尽量控制病症的应对疗法，却无法真正治愈。人类只有依靠自身的免疫力来与病魔作斗争。

19 世纪下半叶人们发现了可以用作消毒药的**苯酚**。尽管它能够杀死细菌和病毒，但若用于已经发炎的伤口，患者不仅痛苦不堪，症状还会进一步恶化。

然而，随着第一次世界大战的爆发，医疗救治的现场发生了很大的变化。

在战场上，初期的治疗仅限于止血，由于消毒药品不够充足，患者伤口发生细菌感染的情形剧增。伤口经常会被无处不在的细菌感染，引发炎症或坏疽（坏死）。在细菌产生的毒素还没有遍布全身之前，就必须将患病部位切除。

亚历山大·弗莱明是一名苏格兰医生，他在法国的野战医院目睹了这样的悲惨状况。

未曾受到关注的溶菌酶

一战后，重新回到医学院的弗莱明，开始进行细菌感染的研究。但是，实际工作非常单调枯燥。他在培养皿中制作培养基，又在上面涂布细菌再加入药剂，然后观察细菌的繁殖情况。

1921 年，和往常一样在培养细菌的弗莱明发现，原本应该在整个培养皿中繁殖的细菌，在有些地方却没有出现。原来他在前一天工作的时候不小心打了个喷嚏，**结果唾液和鼻涕飞溅到的地方细菌都消失了。**

弗莱明对此进行研究，发现人的鼻涕、眼泪及母乳等里面有一种具有抗菌功能的酶，正是这种酶发挥了作用。他将这种物质命名为**溶菌酶**。但是，溶菌酶对于治疗细菌感染并没有太大效果，所以未获得学术界的认可。现在，从鸡蛋的蛋白中提取的溶菌酶，常被用在以耐保存为目的的食品添加剂中。

从青霉中发现了青霉素

溶菌酶的发现并未得到较高的评价，因为它只能溶解对人类几乎无害的细菌。尽管如此，弗莱明还在继续研究。有一天，他在实验室整理散乱的实验结果时，注意点落在一个放置过黄色葡萄球菌的培养皿上。

长时间放置的培养皿中长出了青霉。如同发现溶菌酶时一样，在青霉的周围，黄色葡萄球菌的繁殖受到抑止而消失了。

又是"偶然"触发了一个伟大的发现。此后，弗莱明查明青霉的提取液中也具有抗菌物质，并将这种物质命名为**盘尼西林（青霉素）**。1929 年，弗莱明通过论文发表的这种青霉素成为世界上最早的抗生素。

弗莱明虽然未能提取出青霉素并将其投入实际运用，但他的发现得到人们高度评价。1945 年，弗莱明获得了诺贝尔生理学和医学奖。

"青霉素"的关键人物

虽然是发现者却默默无闻，甚至被认为已经故去？！

关于青霉素的论文并没有被当时的医学界接受，弗莱明依然籍籍无名。这篇论文发表十年后，有两位研究人员成功提取出青霉素。据说，弗莱明得知此事后，兴高采烈地跑去见这两个人，但他们却以为弗莱明早已故去，所以颇为震惊。

弗莱明是一个非常特别的人，有人说他曾经参加艺术俱乐部活动时，使用带有红、黄、紫等独特色彩的细菌作画。

亚历山大·弗莱明
（1881—1955 年）

弗莱明发现的青霉素于 1940 年被提炼制成药品。在第二次世界大战中，青霉素作为抗生素被大量生产，用于治疗细菌感染。此后，青霉素还拯救了众多感染病患者的生命。

另外，以青霉素的发现为开端，人们陆续发现了具有抗菌性的多种物质。美国的生物化学家塞尔曼·瓦克斯曼从土壤里的放线菌中发现了链霉素，这是治疗结核病的特效药。除此之外，还有科学家发现了包括新霉素在内的二十多种具有抗菌性的物质，这些物质都被命名为**抗生素**。

抗生素能够杀死侵入到人体内的有害细菌。因其也会杀死在人体肠道内繁殖的无害（有益）细菌，故会出现腹泻等症状，但只要不引起脱水等症状，抗生素对救治生命是很有帮助的。

然而近年来，过度使用抗生素逐渐成为问题。细菌具有一个特点，即通过基因突变来获得对某类特定抗生素的抗性。正常情况下抗性菌存活的概率很低，但因所有的医疗场合都过量使用抗生素，所以具有抗性的细菌大幅增加。如今甚至出现了对多种抗生素均具有抗性的多重抗药性细菌，因此人类应该合理适当地使用抗生素。

机缘巧合中诞生的发明（发现）

弗莱明发现溶菌酶和青霉素的过程可谓是"机缘巧合"。

在不经意的偶然中能够幸运地发现某种珍奇事物的经历即为"机缘巧合"。在自然科学领域中则是指"纵使失败，但若能从中汲取经验教训，就会带来下次的成功"。

青霉素的发现就是源于在培养基中掺入了青霉这个所谓的"失败"。但是，倘若没有之前因为打喷嚏而发现溶菌酶这一经历的话，这就会被当做一次单纯的实验失败而放过了吧。而若没有注意到"只有喷嚏飞沫溅到的地方细菌消失"的话，也不会有溶菌酶的发现。

机缘巧合不是"不期而遇的幸运"，而是早已为发明和发现做好的物质准备和思想准备。正所谓，努力未必就有回报，但不劳注定一无所获。

半导体

至今依然席卷全球，不断发展，
号称产业的「大米」，

半导体的性质介于可以使电流通过的导体和不能使电流通过的绝缘体之间。1874 年，人们在自然界的矿石中发现了半导体，在尚不清楚其原理的情况下就已开始使用。半导体的地位曾一度被真空管取代，但随着 1948 年晶体管以及三年后结型晶体管的先后出现，半导体在世界范围内应用开来。

与此同时，人们探明了半导体的构造和原理，并且不断加以改良，诞生了在硅基板上形成的集成电路，这样一来，半导体就以迅猛的态势发展起来。现在，半导体成为我们生活中不可或缺的一部分。

自然界中也存在半导体

即便听过半导体这个名字，但大多数人并不清楚它究竟为何物吧。实则，半导体在我们的生活中无处不在。

装入电池，打开开关，灯就会亮，这就是最简单的电路，也是手电筒工作的原理。手电筒中就使用了典型的半导体——发光二极管（LED）。

地球上的物质既有可使电流通过的**导体**，也有不使电流通过的**绝缘体**。严格来讲，与其说是电流不如说是电子。而半导体同时具有导体和绝缘体两者的性质，通过改变条件，既可以让电流通过，也可以不让电流通过。

导体的典型代表是金属。金属拥有银色的光泽，这种"金属光泽"表示电流可以通过（物体表面有自由移动的电子）。另一方面，绝缘体的代表有橡胶、玻璃、油和空气等。

自然界中也存在既可以让电流通过也可以不让电流通过的物质（半导体）。但在当初发现的时候，这种物质为何会表现出这样的性质对人们来说完全是个谜。

1897年，德国的物理学家和发明家费迪南德·布劳恩发明了用于电视和计算机显示器的布劳恩管[1]。布劳恩管通过电磁力控制电子束的运动，进而将电信号转变为影像画面显示出来。这一发明与电视播放画面密切相关，给全世界带来了巨大的影响。这位布劳恩在发明布劳恩管的二十多年前，就已有过与半导体相关的重大发现。

1874年，当时24岁的布劳恩得到了各种各样的天

---

[1] 译注：阴极射线管。

然金属硫化物。自然形成的金属硫化物包括**拥有完整立方形晶状体的黄铁矿（硫化铁）、被称为"愚人金"的金色的黄铜矿（硫化铜），以及以前在日本也经常出产的方铅矿（硫化铅）**等。

布劳恩通过实验考查这些矿物晶体的电阻情况，发现其电阻值会随着电流的方向、大小和流经时间的变化而变化。像在某类晶体中，电流从右至左流动和从右往左流动相比较，电流通过的难易程度有所不同。这些**金属硫化物具有把交流电转变为直流电的整流功能**。

1898年，布劳恩利用这些矿物发明了晶体探测器（二极管的一种）。二极管从交错的电波中提取信号，可以说是无线电收音机的核心部件。

金属硫化物的属性与眼下时兴的半导体相同。无线电收音机出现后，为了追求更高效能的二极管，世界各地竞相开展相关研发工作。

其中最引人瞩目的发明是 AT&T 公司的格林利夫·惠蒂尔·皮卡德在1906年获得专利的**硅晶体探测器**。这是在硅的单晶片上压触金属针的装置，这个创新引领了以后的晶体管研发。

因真空管的出现而被遗忘的晶体探测器

继皮卡德的硅晶体探测器之后，又诞生了更先进的**锗探测器**，然而其性能却不稳定。在使用时，矿石表面容易形成氧化膜，致使电流无法通过，经常需要进行微调。

与此同时，由于真空管（二极真空管）比硅晶体探测器早两年（1904年）获得专利，而且性能更稳定，因此在无线电收音机得以商品化的时期，真空管被大量生产，人们全然忘记了晶体探测器（二极管）的存在。

半导体和真空管的关系与此前互为竞争对手的两位美国发明家也有关。

电灯泡的发明者托马斯·爱迪生发现了**爱迪生效应**（从加热的金属中产生电子的现象），约翰·弗莱明在此基础上研究发明出真空管。后来，弗莱明担任了爱迪生通用电气公司和爱迪生电灯公司的技术顾问。而发明硅晶体探测器的皮卡德所在的AT&T公司的前身是格拉汉姆·贝尔创立的贝尔电话公司。

爱迪生和贝尔，不论是在真空管还是半导体的研发领域中都是竞争对手。

贝尔实验室中的晶体管研发

1925年，皮卡德所在的AT&T公司成立了一个独立的研发部门——贝尔实验室。贝尔实验室汇集了以优异成绩毕业于名牌大学获得博士学位的研究者们，还诞生过数名诺贝尔奖得主。由于贝尔实验室是通讯公司的子公司，所以其从电磁学的研究领域开始，逐渐发展成为"掌控世界先进技术"的权威机构。

当时，由于爱迪生持有专利的爱迪生效应产生的影响过于广泛和强烈，所以真空管新发明的前景不甚明晰。

此外，在美军所参与的发展兴盛的微波通信领域，半导体二极管具有信号传输方面损耗较小的优点，因此贝尔实验室开始研究锗半导体。

◎现在的锗二极管

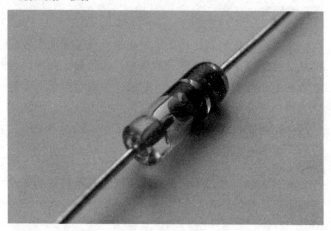

小型锗晶体与金属线相连，再用玻璃密封。作为不需要电源的矿石收音机的核心元件，现在仍被少量生产，在零部件商店等可以廉价购得。

之后，理论物理学家约翰·巴丁和实验物理学家华特·布拉顿发明了点接触型**晶体管**，而曾任固体物理学部主任的威廉·肖克利的研究方向是力图使晶体管发挥出与真空管相匹敌的性能。

随着研究的不断深入，1948 年，3 人联名发表论文，阐述了将两个晶体探测器合二为一的半导体电子增幅器。

不过，当时的晶体管与晶体探测器一样，性能不够稳定。

肖克利继续对半导体进行研究。1951 年，他将 3 个人工硅半导体连接在一起，发明出运行稳定的**结型晶体管**。

巴丁、布拉顿和肖克利三人因晶体管的发明获得了 1956 年的诺贝尔物理学奖。

"半导体" 的关键人物

肖克利的实验室是硅谷的发祥地，但他怪异的性格致使研究者们一一离去。

肖克利在加利福尼亚州创立了自己的半导体实验室。这个地方成为研发的中心，后来发展成了硅谷，现在依旧是 IT 产业的中心，发展繁荣。

性格怪僻的肖克利与同事的关系并不融洽。被称为"叛逆八人帮"的八位优秀的科学家先后离职而去。这其中包括世界上第一个将半导体集成电路成功投入商业生产的罗伯特·诺伊斯，以及与诺伊斯一起创办英特尔公司的戈登·摩尔等人。

威廉·肖克利
（1910—1989）

在硅板上完成电路

结型晶体管投入批量生产后，真空管逐渐退出了历史舞台。保持高温状态是真空管工作不可缺少的因素，因此需要大电流供应、散热空间和空调设备的支持。而晶体管却不需要其中任何一项条件，只需少量电力即可驱动，故可以节省电力和空间，另外还具有不易损坏的优点。从无线电收音机开始，晶体管被广泛应用于多种电器产品。美国借助晶体管的生产使用成为技术大国。

晶体管出现后，曾跟随肖克利一同研究半导体的罗伯特·诺伊斯发明了在硅板上用多个晶体管组合而成的集成电路，他与戈登·摩尔等人一起创办的英特尔公司现已发展成为世界级的大型企业。

以硅为材料的半导体可以与导电金属一起，像印刷一样在绝缘硅晶体上制作电路。不仅可以在硅板上完成复杂的电路，而且无需布线。这样一来，具有特定功能的**集成电路愈发小型化，并且开始朝通用微处理器方向发展**。

在此介绍一个与半导体晶体管与集成电路小型化有关的实例。

晶体管出现之前，美国于 1946 年发明了以弹道计算为目的的初代电子计算机 ENIAC（埃尼阿克）。这是一台装有 18000 根真空管的巨型装置，整体尺寸为宽 30 米 × 长 1 米 × 高 2.4 米，总重量 27 吨，运行时需要 150 千瓦的电力，相当于运行一座发电站。并且，这台机器每天都有数根真空管损坏，必须时常进行检查和更换。

以狗龄增长式快速发展的半导体

50 年后，一位学生使用当时的最新技术（半导体集成电路）再现了 ENIAC。这个**芯片式 ENIAC** 将 ENIAC 的性能浓缩进一个小拇指指甲大小的物体。它所消耗的电力仅为 0.5 瓦特，是 ENIAC 的 30 万分之一，而其体积大约是 ENIAC 的 18 亿分之一。尽管只有这般大小，但它的计算速度却是 ENIAC 的 200 倍。

因为狗的寿命一般为 10—12 年，年龄增长速度为人类的 7 倍，故而有了"狗龄增长（dog year）"一词。这个词用在这里是为了表示"半导体和电子仪器的技术发展速度是其他行业的 7 倍"。

另外，英特尔创始人之一的戈登·摩尔提出的**摩尔定律**也十分有名。这个定律指出"半导体芯片上集成的元件数量每 18 个月翻一番"，同一面积内可容纳晶体管的数量，10 年后约增长为 100 倍，15 年后可达到 1024 倍。**因为晶体管的数量与计算机的处理能力成正比**，所以 10 年后可以生产出计算速度快 100 倍的计算机。

为了制作大规模集成电路，必须将电路模式像照片一样印制在硅板上，这需要采用高级的光学技术。曾经某一时期，日本的光学仪器制造商凭借半导体制造装置获得了 80% 的世界市场占有率。

　　如上所述，半导体技术并非只身独行，而是与光学技术、电子仪器、信息处理以及通信技术等一起快速发展。像这样迅速成长的技术领域有史以来独一无二。直至今日，半导体仍在蓬勃发展。

公元1973年

计算机

从依靠齿轮运作的模拟机到个人所有的家用电器。

若将计算机视为自动计算器，则其历史十分悠久。1822年，巴贝奇设计的差分机就是啮合齿轮的机械式计算器，具有较强的计算功能。

但是，如果把个人拥有的信息设备称作计算机的话，那么其原型是1973年帕罗奥多研究中心制造的Alto[1]。苹果公司的Macintosh（麦金塔电脑）及其操作系统、微软公司的Windows操作系统以及现在的互联网，都是Alto项目的发展成果。

模拟计算机的历史长达两千多年

人类从物物交换的原始时代开始，就有了单纯的算术的概念。从昼夜更替、月盈月缺、太阳运转中诞生

---

① 译注：世界上第一台个人计算机。

了年月日和时间的概念，进而衍生出十进制等算术与几何学。

基本的四则运算确立后，出现了使计算变得容易的计数器和计算器。有在板上挖槽，再在里面放置小石子，通过拨动小石子来运作的算板，也有从东亚发展起来的**算盘**等。

算板是拨动石子，算盘是拨动珠子，因而都是"数字"式辅助计算工具的一种。

另一方面，自然界的"数量"，其存在形式多是连续的"模拟量"。例如，根据太阳投影的移动测知时间的日晷，就是"模拟"式辅助计算工具。通过读取日晷上的刻度所得到的时刻（数值），终究只是一个近似值。

模拟式辅助计算工具还有**算尺**，直到 20 世纪 80 年代仍在被普遍使用。将算盘和算尺这样的辅助计算工具自动化的是计算机。

计算机分为数字计算机和模拟计算机。这里，我们探讨的是后来被称为"电脑"的数字计算机的历史。

在整个历史长河中，模拟计算机历史悠久，作为计时装置的日晷也可以说是机械式模拟计算机的一种。

公元前 2 世纪，人们制造出的"安提基特拉机械"也是一种机械式模拟计算机，它能够对太阳系天体复杂的运动进行测算。

从三十项发明阅读世界史

◎**现代精密日晷——"ICARUS"**

这是为了修正所在地的纬度、经度、时差而调整日期的装置，相当于模拟计算机的编程。模拟计算机的一大特点是计算结果（在此情况下即为时刻）可以在短时间内得出。

265

终极齿轮计算机——"差分机"

将大小不同的齿轮组合在一起，即可按照各种齿数比进行运算。齿数为 10 的小齿轮每转动 10 圈，齿数为 100 的大齿轮就转动 1 圈，这样的构造与十进制的进位是同一原理。

进入 17 世纪，在欧洲各地，人们开始制造和销售机械式的数字计算机（计算器）。其中大部分是**置于案头、利用手柄操纵的手动式计算机，可以处理四则运算。**

机械式计算机随着时代的发展不断得到改良，使用起来越来越方便。日本大正时期（1923 年）出现并普及的手摇式虎牌计算器，直到 1970 年还在生产。

这种机械式计算机的终极形态是 1822 年英国数学家查尔斯·巴贝奇研究发明的**差分机**。这种非常复杂的计算机能够处理多项式运算，其设计目的是为求算对数和三角函数的近似值。

但是，由于差分机过于复杂，而巴贝奇自己的资金和英国政府提供的资助又不足，最终未能完成实体机的制作。

后来，人们把差分机认作"现代计算机的原型"，并耗费巨资制作出忠实于巴贝奇原设计的实体机，证实了它可以完全实现设计功能。

差分机的制造遇阻后，巴贝奇又开始设计更复杂且更具通用性的**分析机**。这是一台高性能机器，能使打孔卡的运算程序与结果的输入输出成为可能，并且可以利用上一个运算结果进行下一项运算。

然而，巴贝奇没有完成分析机的设计就去世了。真是一个生不逢时的天才。

师从巴贝奇学习数学的弟子中，有一位是英国著名诗人乔治·戈登·拜伦的独生女阿达·洛芙莱斯。阿达从小喜欢数学，结婚后仍对数学领域钻研学习。阿达很早就发现了巴贝奇差分机的可行性，她编写了用于差分机的程序，成为史上第一位程序员，因此闻名于世。

美国国防部在1983年发表的嵌入式计算机的程序设计语言，就是以阿达的名字"Ada"命名的。美国空军的现役战斗机F-22和大型客机波音777的控制软件的程序都是用Ada语言编写的。

为对抗纳粹而制作的假想模型

在第二次世界大战期间，为了对抗纳粹德国的恩尼格玛密码机，英国数学家艾伦·图灵在1936年发明了一种假想模型，这成了计算机发展进化的契机。这种假象模型作为计算机运作的基本原理被后世称为图灵机。

图灵根据这项成果研发出恩尼格玛密码机的破解机，并确立了与之相关的利用机器进行自动计算的方法。

"电脑"的关键人物

**曾经有数名家庭教师相伴的公子哥,
对数学和天文学的发展做出了贡献。**

出生在富裕家庭的巴贝奇,从小身边就有多名家庭教师相伴。他对数学特别感兴趣。

后来由于对剑桥大学的低水平数学教育感到失望,巴贝奇与一些天文学家成立了分析学会,埋头进行学术研究。当他看到一份由当时的法国政府公布的错误百出的对数表时产生了一个想法——若是让机器来运算的话就会又快又准确。

以做事专注而为世人所知的巴贝奇,给世人留下了多项发明创作以及见解独特的论文。

查尔斯·巴贝奇
(1791—1871)

1950 年,图灵又发明了判定机器是否智能、能否被称为人工智能的图灵测试。在很长一段时间内,并没有哪项人工智能达到这个测试的合格标准。直到 2014 年,俄罗斯的一台超级计算机的智能水平被当成了"13 岁的男孩",成为首例达到合格标准的人工智能机器。

计算机发展史中,美国的数学家冯·诺依曼也是不得不提的人物。受图灵机的启发,诺依曼发明了在存储器中存放程序和数据、并且可以同时进行处理的冯·诺依曼计算机(1945 年)。此后,所谓的存储程序成为现代计算机的基本工作原理。

诺依曼所述的"计算机应当采用二进制(用 0 或 1 来判定)"后来得到了实现。

用3个月制造出的早期个人计算机

在电路中，将电流通过的状态设定为1，电流不通的状态设定为0，然后将多个可以控制电流方向的继电器与真空管组合，就能用其进行复杂的运算。而且，利用电流方向的瞬间改变，可以制造出比机械式计算机的运行速度更快的计算机。

早期制造的电子计算机专门用来破译密码，而能够根据程序进行通用运算的计算机始于1946年诞生的ENIAC。

1951年，采用二进制处理方式以及存储程序原理的EDVAC（真空管与一部分晶体管）开始运行。但当时的计算机主要用于军事领域，价格十分高昂。

20世纪70年代，形势发生了巨大变化。在北美大陆东海岸的温暖气候孕育下的硅谷，英特尔公司发布了"4004"。它是将计算机负责运算的主要部分（处理器）安装在一个集成电路上的装置，即现在被称为CPU（中央处理器）的微处理器。

在纽约以制造和销售复印机起家的施乐公司，在美国的加利福尼亚州开设了帕罗奥多研究中心。协助创办这个研究中心的美国人艾伦·凯提出个人计算机的概念，并制造出可谓现代个人计算机原型的"Alto"。

仅用 3 个月制造出的 Alto 却配备有作为输入设备的键盘和作为定点设备的鼠标，并且可以通过窗口化显示系统和图标状菜单进行操作。

苹果电脑的创始人史蒂夫·乔布斯注意到了 Alto 并受其启发，将鼠标和显示器整合到当时正在研发的面向电子产品收集爱好者的 Apple II 新一代模型机（Lisa 系列和 Macintosh 系列）中。就这样，真正的个人计算机问世了。

现在，全世界都在使用的互联网，是基于连接多台计算机从而实现信息共享的局域网（Local Area Network）技术，而其又是从 Alto 项目的概念中诞生的以太网。

凭借操作系统称霸世界的微软公司

有感于苹果电脑的成功，IBM 公司开始研制并销售 IBM PC。PC 就是个人计算机的英文首字母缩写，后来成为计算机的代名词。比尔·盖茨在学生时期创办的微软公司负责制作 IBM PC 的 OS（操作系统）。

起初，PC-DOS[①] 为 PC 专用，但后来越来越多制造商申请获得此技术的生产授权，MS-DOS（微软的磁盘操作系统）大获成功。比尔·盖茨其实是在很偶然的机会看到帕罗奥多研究中心的 Alto 后，参照其画面呈现出

———————
① 译注：指个人计算机磁盘操作系统。

的窗口化显示系统，开始研发 Windows（操作系统）的。

进入 20 世纪 90 年代，IBM PC 的兼容机和安装有 Windows 操作系列的个人计算机席卷全球。日本的 PC 制造商也十分活跃。然而，信息设备的发展速度十分惊人，仅用两三年就完成了相当于其他行业 20 年的发展。这是一个能预见未来十到二十年发展趋势才能存活的残酷的行业。

主要参考文献

《零起点科学史入门》 池内了 著（幻冬舍）

《科学的思维方式与学习方法》 池内了 著（岩波 Junior 新书）

《科学简史》 威廉·F·拜纳姆 著，藤井美佐子 译（太田出版）

《世界文明中的千年技术史——面向与"生存技术"的对话》 阿诺德·佩西 著，林武 主编，东玲子 译（新评论）

《按图索骥科学史》 中山茂 著（贝雷出版）

《科学是如何改变历史的》 迈克尔·莫斯利、约翰·林奇 著，久芳清彦 译（东京书籍）

《改变世界的 20 个科学实验》 罗姆·哈瑞 著，小出昭一郎、竹内敬人、八杉贞雄 译（产业图书）

《12 岁时大脑吸收迅速 愈发好奇的科学之 40 个"为什么"》 池内了 主编（小学馆）

《10 岁前想知道！为什么？怎么样？科学之不可思议》 池内了 主编（小学馆）

《世界上最了不起的 10 个物理方程式》 罗伯特·P·克里斯 著，吉田三知世 译（日经 BP 社）

《世界上最了不起的 10 个科学实验》 罗伯特·P·克里斯 著，青木薰 译（日经 BP 社）

《新世界上最了不起的 10 个科学实验》 乔治·约翰逊 著，吉田三知世 译（日经 BP 社）

《从科学看世界史》 筱田谦一、宫崎正胜、冈田晴惠、安田喜宪 主编（学习研究社）

《科学史年表》 小山庆太 著（中公新书）

《科学史人物百科辞典——科学天才们的 150 则趣谈》 小山庆太 著（中公新书）

《有趣通俗的世界发明史》 中本繁美（译者按：此处疑为原作者笔误，应为中本繁实） 主编（日本文艺社）

《改变人类历史的 1001 项发明》 杰克·查罗纳 编辑（尤马书房）

此外，本书还参考了多个书刊杂志网站。

```
图书在版编目（CIP）数据

从三十项发明阅读世界史 / (日) 池内了主编；日本造事务所编著；张彤，张贵彬译.
-- 上海：上海文艺出版社, 2018(2020.7重印)
ISBN 978-7-5321-6600-8

Ⅰ.①从… Ⅱ.①池… ②日… ③张… ④张… Ⅲ.①创造发明－世界－普及读物
Ⅳ.①N19-49
中国版本图书馆CIP数据核字(2018)第042856号
```

30 NO HATSUMEI KARA YOMU SEKAISHI by SATORU IKEUCHI and ZOUJIMUSHO

Copyright © SATORU IKEUCHI and ZOUJIMUSHO 2015

All rights reserved.

Original Japanese edition published by NIKKEI PUBLISHING INC., Tokyo.

Chinese (in simple character only) translation rights arranged with NIKKEI PUBLISHING INC.,

Japan through Bardon-Chinese Media Agency, Taipei.

Simplified Chinese edition copyright:

2018 SHANGHAI LITERATURE AND ART PUBLISHING HOUSE

著作权合同登记图字：09-2016-124

书　　　名：从三十项发明阅读世界史

主　　　编：(日) 池内了

编　　著：(日) 造事务所

译　　者：张　彤　张贵彬

出　　版：上海世纪出版集团　　上海文艺出版社

地　　址：上海绍兴路7号　200020

发　　行：上海文艺出版社发行中心发行

　　　　　上海市绍兴路50号　200020　www.ewen.co

印　　刷：三河市兴国印务有限公司

开　　本：787×1092　1/32

印　　张：8.625

插　　页：2

字　　数：124,000

印　　次：2018年4月第1版　2020年7月第3次印刷

Ｉ Ｓ Ｂ Ｎ：978-7-5321-6600-8/C.0060

定　　价：39.00元

告 读 者：如发现本书有质量问题请与印刷厂质量科联系